U0186959

尺寸

千里远景，如在尺寸之间。

加法叶的博物学
Mr
Guilfoyle's
Natural
History

Mr Guilfoyle's
Honeymoon

The Gardens of
Europe & Great Britain

乐园
欧洲园林之旅

[澳] 威廉·罗伯特·加法叶 著

[澳] 埃德米·海伦·加德摩尔 　戴安娜·艾弗林·希尔 编

刘洋 译

中国工人出版社

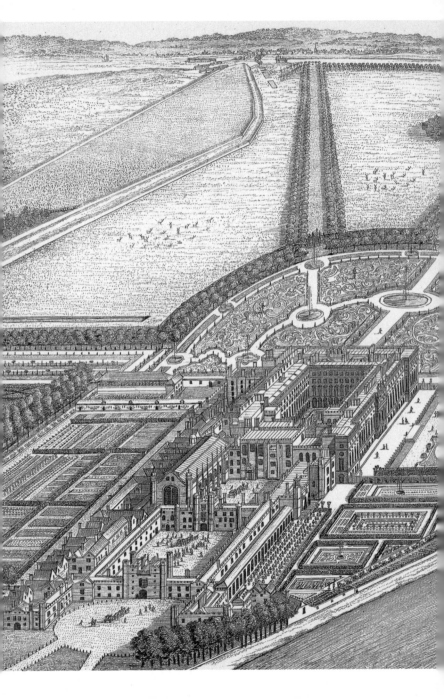

SEMPER EADEM

汉普顿宫

"植物园中", 水彩, 加法叶绘, 未注日期

前　言

蒂姆·恩特威斯尔 教授

维多利亚州皇家植物园园长兼总裁

1890 年，威廉·罗伯特·加法叶在新婚蜜月期间，遍览欧洲及英国那些气派的庄园、园林和森林。在此之前，他曾在维多利亚州皇家植物园担任园长一职，在那里工作了近十七年。

在蜜月旅行期间，他已经拥有足够的自信，既能对世界上最受仰慕的园林进行赞扬，也能够指出其缺点所在，对园林的设计和多样性进行审视的同时，也不乏些许调侃。加法叶对园林植物了如指掌，知道如何在园林中以最佳的方式排布这些植物。

《乐园：欧洲园林之旅》一书中，收录了加法叶亲笔撰写——特别是为《澳大拉西亚银行家杂志》撰写的一些文章。这些文章已为人熟知，并给我们带来享受。我们可以把他看作一位园林设计家，一位植物学的狂热爱好者，一位对文字感兴趣且技巧纯熟的作家，一位天才的水彩画家，等等。

维多利亚州皇家植物园的开创者和第一位园长是费迪南德·雅各布·海因里希·冯·穆勒爵士。他的头衔所占据的篇幅，要远远超过有关加法叶（冯·穆勒爵士的继任者）的文章，因而，加法叶始终生活在冯·穆勒爵士的"阴影"中。颇为滑稽的是，代替冯·穆勒爵士的加法叶，不仅是一位风度翩翩且天赋异禀的园林设计家，还是一位多产作家和某种意义上的科学家。冯·穆勒爵士一生的杰出事迹和思想都记录在他出版的作品以及他的日志当中。如今，他的舞台应分出一半给加法叶。

在三十五年的时间里，加法叶将墨尔本皇家植物园改造为一座公认的、世界上最伟大的植物风景园林。蜜月旅行让他有机会就自己珍爱的植物和园林设计等主题进行写作。异域之旅也让他有机会拓展本已十分渊博的植物学知识，为他那广泛的植物收藏增添新品。此外，他像往常一样，热衷于跟同行分享他最喜爱的澳大利亚植物。

本书为"加法叶三部曲"中的第二辑，戴安娜·希尔和埃德米·加德摩尔两位编辑，让我们能够对加法叶——为澳大利亚私人及公共园林留下丰富遗产的人——进行更为全面和深入的理解。阅读《乐园：欧洲园林之旅》一书时，我们会获得一些灵感，受到一些（或积极或消极）影响。这些灵感，都是加法叶先生在世界另一端广袤的园林中采集而来。

威廉·加法叶是一名植物学家、一位园林设计家、一名游客、一位作家。本书的出版无疑是对他的赞颂，令我无比欣喜。

1901 年墨尔本展览大楼庆祝请柬

Ruins of the High Altar: Battle Abbey
(The spot where Harold was Killed)
In the midst of a group of Cedar of Lebanon trees (Cedrus Libani).
A neat number of the pavement stones remain still embedded
around the high altar, and there are two heaps of crumbled stone
are said to mark the places of the broad pillars that carried the Vaulting
I am surprised to find planted in this spot amongst a number of British
wild flowers, several New Zealand Dracænas and N.J. Flax
(Phormium tenax) doing as well as in Australia

战役修道院主祭坛素描，英格兰，加法叶
绘，1890

引　言

　　身为墨尔本皇家植物园的园长，威廉·加法叶在长达三十五年的任期内，创造了首屈一指的风景园林。1840 年，加法叶在英格兰出生，其早年便学习了林奈植物分类的基本原则。他的父亲迈克尔·加法叶带着家人迁至悉尼，在双湾地区建立了"异域植物苗圃"，向儿子传授了景观美化的基本原则，并鼓励他到新南威尔士和昆士兰南部等地实地考察。正是得益于这些实地考察，加法叶开始与官聘植物学家、墨尔本皇家植物园园长——费迪南德·冯·穆勒进行书信往来。

　　冯·穆勒是享誉世界的植物学家，他创造的植物标本馆堪称世界一流，但墨尔本民众认为，他的园林布局过于单一，希望能看到景致连绵的游憩型园林。1873 年，加法叶被任命为园长，32 岁的他开始另辟蹊径，同时保持着这座园林的"科学"声望。

加法叶与妻子爱丽丝和儿子詹姆斯·尤
里·加法叶，园林寓所外，墨尔本，1903 年

1868 年，他曾到斐济岛旅行，这次旅行的见闻，以及当地的热带风光——绚烂缤纷的色彩、相映成趣的花叶、令人讶异的植物组合——给他带来了灵感。加法叶在整座园林内种满了花朵：玫瑰、山茶花、杜鹃花及映山红，其他外来植物则从冯·穆勒那里获得，或是来自加法叶家族广泛的种子收藏。

在任期间，加法叶开展了多项重大的结构性工程，包括让园林附近的雅拉河的河道变得更直，封堵一条水湾，从而形成多处湖泊、岛屿及岬角。一条天然水道被他改造成长满蕨类植物的幽谷，他又修建了储水系统和水网，在草坪上种植麦斛和水牛草，从而增强防旱能力；此外，他还修建了可供游人休息、赏景的茶馆，并且成功移植了多株高达四十英尺[1]的树木——即便在今天，这也堪称园艺学上的一项壮举。

1889 年 6 月 27 日，48 岁的加法叶与 28 岁的爱丽丝·达令完婚，于是决定离开这个 17 年来寸步不离的植物园，外出度假。这场耗时 9 个月、遍及欧洲园林的伟大旅程，为素描、观察、学习、创新经典园林设计提供了绝佳的机会。

1890 年 2 月 28 日，威廉与爱丽丝乘坐着奥里萨巴号轮船，开启了这场漫长的蜜月旅行。他们先后造访了意大利、瑞士、法国、比利时、英格兰、苏格兰、爱尔兰，以及威尔士，并且在斯里兰卡做了短暂的停留。

旅途中的见闻，有些令他仰慕，有些招他批评。他发现，在欧洲的植物园林中，植物布局过于局促且设计上太过拘束，认为

约瑟夫·帕克斯顿爵士设计的景观，加法
叶绘，1890 年

许多私人园林过于僵化和死板。不过，他对布鲁塞尔大街小巷旁气派的树木赞不绝口，那里的榆树可以自行生长至成熟，不会遭到无情地修剪，更不会过度拥挤。

蜜月旅行从意大利开始，在那里，米兰的植物园令他颇为失望——植物的栽种过于拥挤，因而形成一种"物竞天择"的风貌，苗圃是规规矩矩的几何形状，植物种类缺少标签。

法国园林总体上来讲并不吸引人，"树木修剪得过于相似，单调得近乎迂腐"。凡尔赛官的园林令他大失所望，虽然发现了大量的"艺术品"——园林里到处可见雕像、喷泉、花瓶，但"作为园林，它们远远不够令人满意，说句实话，它们根本就算不上园林"。贝尔法斯特和爱丁堡的市政园林不失令人赏心悦目之处，给他留下了深刻的印象。他认为，大不列颠的园林"性情简洁，时常得到精致周到的养护，因而无比美丽"。相比之下，墨尔本的园林不仅缺乏政府资助，更缺少私人赞助。

英格兰之旅的亮点非邱园莫属。尽管加法叶觉得，相比邱园，自己管理的墨尔本园林更合心意（邱园太过平坦，要形成更宜人、更令人讶异的风景，在景观美化上还需要进一步努力），但邱园的温室中，植物品类极盛，生长着全球各地的植物，令他不由得为之倾倒。

这场盛大的旅行归来后，加法叶已经积累了大量理念，并根据这些理念来改造墨尔本的皇家植物园林。他造了一间温室，用来培育那些无法适应澳大利亚极端气候的植物。受到布鲁塞尔

《哈德逊河上的场景》，威廉·桑塔格绘，约1864年

这幅画出自维多利亚国家美术馆，深受威廉·加法叶的赞赏。画中展现了当光线与大量树丛以及明暗相映的灌丛组合在一起时，会产生怎样惊人的效果

公共园林的启发，他引入了"悬挂标签"。此外，他还鼓励种植一些具有纪念意义的树木，比如，17岁的阿尔伯特亲王和哥哥1811年到访澳大利亚殖民地时，亲手栽的棕榈树。

加法叶的威廉·泰尔客栈，借用了威廉·泰尔教堂的设计，1890年，他和爱丽丝去过那座教堂，它坐落在瑞士琉森湖的湖畔，为纪念苏菲（来自瑞士的芒特莫兰，总督查尔斯·拉筹伯的第一任妻子）而建造。

加法叶1901年设计的标志性建筑——风之圣殿，采用了澳大利亚鹿角蕨的纹饰，而非传统上使用的欧洲莨苕——得到了极大的赞誉。

R.T.M.佩斯考特在《加法叶1840—1912，园林艺术大师》（1974）中写道，威廉·加法叶经常造访墨尔本的国家美术馆，"但他的主要兴趣始终在于早期艺术家的油画作品。这些油画的背景中，纳入了大片的森林和灌丛，枝叶的对比尤其鲜明。"威廉·桑塔格的《哈德逊河上的场景》是加法叶最为青睐的一幅画作，也是最能代表其美学理念的一幅作品。

在对欧洲和英国的园林、公园、森林进行鉴赏和评析的过程中，加法叶形成了自己的美学观念。对于加法叶而言，沃德斯登庄园这种大型私人庄园就属于无效的景观。沃德斯登庄园拥有一片人造园林，园内植物大多为移植，鹅卵石铺就的车道长达3英里[2]，机器修剪的草坪达到120英亩[3]，这些的确令人印象深刻，但加法叶指出，它"缺少色彩的和谐，就像一幅未

墨尔本政府大楼，1889 年

霍普顿伯爵（1889—1895 年，维多利亚女王的
总督）官邸。联邦成立后，霍普顿爵士回到墨
尔本，担任澳大利亚联邦第一任总督。1890 年，
加法叶拜访霍普顿府邸及奥米斯顿厅——霍普顿
伯爵产业的一部分。

PREFACE.

When leave of absence for nine months, was
granted to me by the Government in 1890 for
the purpose of visiting Europe, it was on the
distinct understanding that I should inspect
the principal Parks and Gardens at the various
places of call, and that on my return to the
colony I should furnish a report on what I
saw in them, likely to be interesting to Vict-
orians generally. Needless to say the request
was duly carried out, but soon afterwards, a
change of Government occurred, the "Report"
was not printed, but returned to me with the
remark written across it;- "It is most interest-
-ing and instructive, but would cost too much
to publish at present."

At my request however, the "Argus" published
in its columns some half dozen lengthy articles,
culled from the M.S. and the matter, some years
afterwards, was rearranged in its present
form, and handed to The Bankers Magazine.

I may add that during my travels, I receiv-
-ed from the Directors of all Botanic Gardens,
Parks and Scientific Institutions, as well as
from the Nobility and Gentry with whom I
came in contact, and whose private Parks
Gardens and pleasure grounds I was privil-
-eged to inspect, unvarying courtesy. It was
indeed due to their kindness and anxiety
to afford me information, that I owe the
fact of having been enabled to take the not-
-es on which the articles are based.

William Robert Guilfoyle

Botanic Gardens

South Yarra.

完成的画作，红的、黄的、紫的色块要更加柔和才行"。

他继续道："在园林构成的这幅风景画中，把绿色的多种色度混合起来，要比亮色容易得多。关于这一点的最佳阐释，或许要数这样一个记忆中的场景：被秋色浸染的树林——上百种色度融化在一起，仿佛融进了彼此，几乎每一片树叶都分得了相当一部分的绿色。"

在一篇题为《"野生"园林》的文章中（文章主要内容收录于本书正文 276—277 页），加法叶对"自然"（natural）或"野生园林"（wild）以及"荒野"（wilderness）等概念进行了谨慎的概括，并阐明它与按照线条和规则布置的、注重形式的园林、公园或游乐园的区别。在第二段中，加法叶提出，优秀的园艺师能够从大自然中取用美的、优雅的，以及宜人的元素，同时避免过甚或怪诞。

最佳实例在本书正文 129—136 页，加法叶所赞美的汉普顿宫园林。那里的游憩场地能够保持"尽可能地自然且不失整齐"。

在旅行途中，加法叶便怀着这样一个期待：回去后要将访问过的公园和园林以细致的笔触记录下来并出版。遗憾的是，由于维多利亚州政府换届，他那份"委实有趣且富有教益"的报告出版费用过于昂贵，因而被缩减为几篇"冗长的篇章"，发表在

◄加法叶为《一位旅行者的园林、公园及森林之风景手记》所写的序言，1897 年发表在《澳大拉西亚银行家杂志》上。装订本手稿存放于墨尔本大学档案库。[4]

《阿格斯报》上。几年后，加法叶为与更多读者分享自己的旅途见闻，重新编排了手稿，交给《澳大拉西亚银行家杂志》发表。

这部由三十个章节构成的《一位旅行者的园林、公园及森林之风景手记》在 1897 年出版（我们按照之前的出版顺序重新刊印了这些文章，但作者是在 1890 年 4 月于那不勒斯开启的这场旅程）。1896 年，在接受《澳大拉西亚银行家杂志》采访时，昆士兰政府的植物学家——F.M. 贝利列出了加法叶自旅途归来后在成功改建园林建造方面做出的重大贡献，正是他的这些贡献，将澳大利亚的园林艺术提高至世界顶尖水平。

不论是从科学还是实用的角度来看，墨尔本的植物园林都是首屈一指的。走进园林的人无法不获取知识。这些园林为景观美化等主题提供了绝佳的、客观的学习机会，这在世界上……独有此例……加法叶先生恰恰让墨尔本的园林成为它们本来应该成为的样子。最令我仰慕之处在于，园林里的植物有些是按照原产地归类，有些则是按照自然分类，这种安排定会让风景园艺师感到愉悦。另一个优点在于，（加法叶先生）几乎对所有植物进行了命名。

对于威廉·加法叶而言，快乐与自豪的一大来源，便是看到毕生的作品受到当地和海外人士的赞赏。他成功地将园林设计成既富有美感又富有教益的场所。墨尔本皇家植物园林被认作世界上最伟大的园林之一。英国艺术史学家肯尼斯·克拉克将加法叶奉为"天才的风景建造师"，认为他创造出了"城市里最美的事物，创造了自豪的一大来源"。亚瑟·柯南·道尔爵士宣称，这座园林"绝对是我见过的最美的地方"。

1　按：英制长度单位。1 英尺约为 0.3 米。

2　按：英制长度单位，1 英里约等于 1.61 千米。

3　按：英制面积单位，1 英亩约等于 4047 平方米。

4　按：图为加法叶为《一位旅行者的园林、公园及森林风景笔记》所作序言。全文编译如下：1890 年，政府批准了我 9 个月的旅欧假期，并且明确了此行的目的：我应对访问地的主要公园和园林进行审视，回到殖民地后，应就所见所闻出具一份报告，其内容总体上应符合维多利亚州民众的兴趣。毋庸置疑，这项任务已经完成，但之后不久，政府换届，这份"报告"并没有出版，而是返回给我，上面附加了批注："此稿委实有趣且富有教益，但目前出版恐花费甚巨。"

不过，在我的请求下，《阿格斯报》从报告中挑选出一些文章，并在其专栏中发表了六七篇较为冗长者，几年后，又调整为现在的格式，交由银行家杂志发表。

我必须补充一点，在旅行的过程中，我收到了所有植物园、公园、科学机构等各方主管的信函，一些贵族和绅士也与我保持着书信往来，承蒙好意，我得到特别关照，得以验看其私人公园、园林及游乐园。得益于上述各位的善举和热心，我才得以摘录笔记，获得信息，最终成文。

威廉·罗伯特·加法叶

南场植物园

目　录

February 1897

林荫大道（Avenue du Bois）

苏比丽湖（Lac Supérieur）

因非列湖（Lac Inférieur）

珑骧林荫大道（Allée de Longchamp）

伯特肖蒙公园（Parc des Buttes-Chaumont）

蒙索公园（Parc Monceau）

卢森堡宫（Luxembourg Palace）

圣日耳曼郊区（Faubourg Saint Germain）

宛赛纳森林（Bois de Vincennes）

May 1897

凡尔赛宫（Palace of Versailles）

圣克劳德园林（Parc de Saint-Cloud）

枫丹白露宫（Fontainebleau）

杜叶里宫园林（Tuileries Garden）

爱丽舍宫园林（Palais de l'Elysee Garden）

特罗卡迪罗园林（Trocadéro Gardens）

巴黎行道树（Paris street trees）

June 1897

亚眠植物园（Amiens Botanic Garden）

比利时　布鲁塞尔植物园（Brussels Botanic Garden）

英格兰　　　伦敦行道树（London street trees）

　　　　　　泰晤士河堤岸（Thames Embankment）

January 1897

提到我的意大利之旅，不妨讲讲那里的公共园林。那是波拿巴·拿破仑在1807年规划的。拆了几座修道院之后，在原有的空间上建造起来。不过，这座园林的景点较少，游人也不多。美洲朴木是一种高大挺拔的行道树，长势盛大，那疏于照料的灌木丛中间，有些地方也有松柏和棕榈，很引人注目。还有一处园林，打理得比较好，叫作圣吉奥比园林。离开威尼斯后，我继续向伦巴第的首府——米兰行进，这是意大利最富裕的、以制造业和商业而闻名的小城。

与意大利的许多公园、植物园一样，米兰的公园和植物园，在我看来，铺设了太多毫无意义的小径，几何形的苗圃太过呆板，对植物标签的重视程度不够，树木与灌丛之间太过拥挤，或许是当初在栽种的时候，根本没预料到将来会长到多高；简言之，不论是这里的布局，还是缺乏布局之处，在很多时候，似乎都在彰显"适者生存"的道理。即便如此，米兰的公共园林依然不失为有趣且在很多方面非常优美的所在。

这个世界上，没有任何一座园林不存在瑕疵，不论设计得多么小心，都概莫能免。当然，挑出这些缺陷并不是我的本职工作。在这里，像在其他大陆国家的园林里一样，我开阔了眼界，有许多我们自己以及其他地方的园林可以借鉴之处。认识到这一点，也就足够了。米兰的这座园林位于城市的一个角落里——威尼斯（城堡）之门与威尼斯街形成的夹角处，前者的马栗大街是米兰人最青睐的散步之所，特别是在星期天的下午。一段宽阔的台阶通往更为古老的游憩场，这些场地是在 1785 年建造的，里面有沙龙，一个方形的建筑，还有一座简陋的艺术博物馆。园林中较新的区域装饰了大量的塑像，设有常规的苗圃、小径及草坪。关于草坪的一项规则是"请勿踩踏"，原来我并不知道，这里的草坪只是用来观赏的，我刚一走上草坪，一个愤怒的意大利人便连连摆手，用恶毒的言语威胁说，要我怎么进来的便怎么出去。毫无疑问，我并没有就范，而是更为谨慎地退到了最近的甬道上。有些草坪上点缀着秀丽的景致，即便对于不熟悉或不了解艺术的人而言，这些景致也足以说明，为了让这座园林"永远充满美与快乐"，曾先后在不同时期，雇用了许多能工巧匠来各展才能。或许，就连景点的设计者当初也未曾料想到，居然能在一片死板和僵化之中，创造出如此迷人、与周围环境如此迥异的景致。比如，那座壮丽而险峻的假山，占地面积达到数英亩，设计者显然对真正的大自然充满着热爱，将它安放在一座怪异的花园旁边，不料两者居然能相映成趣。至于其他艺术家们，或许会认为，在这片风景中加入一些劈砍、细凿出来的台阶，要比用粗木做的台阶更好，这样与自然的岩石更为搭配。

　　如前文所述，这座假山占地数英亩，是由许多块人工制造的巨大砾岩组成，有些石块高达三十英尺。岩石之间是一道道宽窄不一的裂隙，有些宽得能容下两人并肩，有些窄得仅能容下铁锹的刃口。总之，这座假山整体上看来，凸显出了精巧的工艺与丰富的艺术感，仿佛是大自然突发痉挛，将它们硬生生撕裂，又让它们在剧烈的颤抖中化作一片混沌。有些岩石上覆盖着常春藤，有些岩石则裸露着，显出更为明显的自然气息。在我造访之际，最美的景致要数那花丛中的一片紫藤——遒劲的藤蔓像我的手臂一样粗，巨蟒般盘绕着，将那突出的岩架压垮了一半，时而又攀上大树最高的枝头，将树枝缠裹在一起，像是一根坚韧的缆绳，用它旺盛的生命力扼杀着周围的一切。这座假山的峰顶是一片不平坦的开阔地，上面设有凉亭，种植着高大的树木，到处都设有游人专用的座椅。从峰顶俯视，风光怡人。附近有一片湖，湖边种着紫色的山毛榉、嫩绿色的柳树、金色的杉木，浓浓的树荫涂满了湖畔。玻璃般的湖心可见黑颈的白天鹅划过，很快，它们张开翅膀，全力追捕起那些可怜的澳大利亚物种来。

在我造访之际，园林的围场里正在举办国家花卉展览，陈列着众多花卉珍品：兰花（数百种）、观叶植物、珍奇树木、灌木、攀缘植物、热带棕榈类树木、数百种盆栽杜鹃、杜鹃花属植物、石南花等，竞相绽放，排列在草坪上，如此繁多的种类，若要细细描绘，必然占据太多篇幅，但必须承认，这是我所见过的最精致、最壮观的花卉展。

这座奇特的且在诸多方面堪称美丽的园林，有一点特别令我震惊，那便是它的新奇与实用性。在其中一个主要入口的附近，矗立着一栋优美的瑞士风格建筑，上有高树遮阴，四周有灌丛环绕。在陌生人眼里，这栋房子定然属于富裕的市民，想象不出其他可能性。但事实上，这是一家"牛奶餐厅"，二十四头肥硕且精心喂养的奥尔德尼奶牛，在屋子里站成一排。这些生灵温顺而美丽，皮毛光滑如缎，每头奶牛都占据着一间精心打扫过的、整洁的房间或牛棚，设施配备十分考究，地上铺着稻草编织的垫子。将这些牲畜固定在石槽前的颈圈也好，铁链也罢——与这座独特的设施相关的一切，在我看到的时候——都像抛光的银器般闪闪发亮。在一个柜台——或者说，吧台——前方，站着男男女女，还有孩子，每个人手里都拿着一品脱或半品脱的牛奶，都是在众人面前现挤出来并分给大家的。这是一幅美妙的画面，我是轻易不会遗忘的。这里并不卖酒，这点自不必说。

离开米兰后，我取道北上，朝着意大利的湖区行进。很久以来，那里是被歌谣和故事反复传颂的所在。意大利北部的科莫湖、卢加诺湖以及马焦雷湖，向来被称作意大利的天堂，正如一位优雅的作家所写的："那是大自然的杰作，正如某些星辰总比其他的星星更加闪耀，在天堂般的意大利，这三颗星辰般的湖水，美得如此出尘，如此耀眼。"我造访了前两处湖区，最后一处没有去。在《莱昂斯夫人》中，布威·利顿以天才的笔触为科莫湖增添了光彩，在许多人的想象中，它是全世界最美的湖，长逾三十英里，其中一部分（介于梅纳焦镇与瓦秋娜镇之间的部分）宽达二点五英里，整体分为两片水域，根据岸边小镇的名字，分别被命名为科莫与莱科。这座湖曾得到维吉尔和两位普林尼的赞美，这些诗人曾生活在湖畔，热衷于对这片美景进行阐述。事实上，科莫——意大利人称作"Lago di Como"或

"Il Lario"——是一处美妙的所在，湖畔茂盛的密林中，矗立着一栋栋别墅，冷澈的湖水浸润着凉爽的洞穴。

湖水被一片岬角一分为二，形成科莫与莱科两片水域，岬角上巧妙地坐落着贝拉焦小镇，这座小镇或许是意大利北部最令人愉悦的所在。

岬角较高的地带，很大一部分被一片树林占据着，林间树木主要是栗树、核桃树、鹅耳枥、山毛榉、橄榄树、松树和柏树。林边美景可令心神生出向往，也可让双目得到休息。山间风物野性而壮美，向上看，群峰涂满了玫瑰红和黄色的色块，向下看，植被茂盛，最蓝最蓝的湖水远远伸展出去，在阳光下泛着银光，闪亮着，荡漾着涟漪，一艘艘汽船往来其上。峡谷陡峭而险峻，满布岩石，瞥上一眼便可发现，到处都是绚烂的色彩。这番绝非任何语言所能描绘的景色，构成了一个"画框"，画卷中，是瑟贝朗尼别墅半野性的、风韵独特的前景、中景及背景。

这座别墅曾是瑟贝朗尼公爵夫人的宅邸，如今变成了一家气势恢宏的酒店，矗立在一座小山的半山腰，对面便是科莫湖，湖畔的背景里融入了古铜色的山毛榉、叶片润泽的木兰树、葡萄牙、英国、海湾（编者按：这里指在别墅的远处背景中，大概能看到英国和葡萄牙，属夸张手法），还有香樟树，其间点缀着梓树、泡桐树、石南花、杨梅，以及一道又一道由其他绿色植物构成的色影。在我到访之际，这些树木的枝叶长势盛大，形态各异却无比和谐、美丽，我渴望成为一名画家，以便在将来的某个时

贝拉焦小镇，科莫湖风景，约 1900 年

候，能够试着把眼前的风物，把途中的种种壮丽画面临摹下来。

相较而言，这片地区几乎没有按照严格的园艺原则来排布。即便有些布置遵循了园艺原则，也都是在别墅附近，覆盖范围只有几英里。不过，这里却囊括了许多珍奇且有趣的植物。对于风景爱好者而言，更大的吸引力非山顶那些野性且凌乱的树林莫属，林内有高树溪谷，长长的小径在树丛间蜿蜒，鸟鸣幽幽，密密的灌丛杂相交错，常青藤、野草莓、报春花、雪花莲、水仙花、山谷百合、玉竹、帚石南、蓝铃草以及紫罗兰，交织成一片地毯。舟状柳穿鱼或所谓的"万物之母"，安居在老树的树桩中，或小片小片地长在泥灰岩边缘的碎石缝中，或零星生长在水塘的边际，与蕨类植物、长春花或小蔓长春花相邻做伴，给整个景点注入了魔力，在某种程度上增加了这里的雅致。

卡洛塔庄园是萨科斯－梅恩尼根公爵的宅邸，距卡德那比亚小镇不远。庄园对面是一片湖水（科莫湖与科利科湖之间的湖区）。这座小镇的花园打理得不错，有条有理，布置安排均显高雅，可谓意大利北部地区的园林典范。小镇坐落在一个缓坡上，近景是气势雄伟的群山，四周被可爱且葱茏的草木所环绕，借助周围景致的优势，又在恰当的地方种上了一些适宜的树木或灌木，安排之得当，任何一处值得保护的风景，都不曾被遮挡，都可以从最佳的视角饱览无余。事实上，这里的湖水，以及对岸一英里或几英里之外的美景，本身便构成了园林的一部分，矮生灌丛经过审慎的排布之后，将小镇与外部的真正界限隐藏起来。

在这片经过艺术处理的前景之中，我所见过最慷慨的展示，要数那四十多种红花杜鹃，高五英尺，株株盛放，在斜斜的草坪上蔓延伸展。几乎所有的色调都在那里了，各类白色花朵构成了一张广阔的花床，绽放得如此尽情，连一片叶子都见不到，不得不令人联想到瑞士边境不远处，那覆盖群峰的白雪。翡翠般的草皮上，杜鹃的华美时而与点缀其间的植被相映成趣：枝叶深沉的映山红、木兰、朱蕉、棕榈、芭蕉、丝兰以及鹤望兰。

在小山侧面的不远处，黄色和白色的木香、朱槿、鲑鱼色的佩兰，金衣、尼尔将军等植物，帘幕一般覆满了高大的山楂树，并向更高的松树和柏树上攀爬着。而瓦苇属的比格诺藤、毛茛、樱桃、大花蔷薇、芦莉、毛萼山珊瑚等，则与猩红色的忍冬生长在一起，形成一道田园风格的拱门。此外，有些树上也能看到攀缘植物，如阔叶的马兜铃，新奇古怪、叶如头盔的杂交马兜铃，以及各种铁线莲等。在林木茂密的湖畔一侧，生长着一棵巨大的紫藤，茎部最粗处，周长达二十五英尺，缠绕在一棵银杏树上。在这座园林中，一瞥之间不可能将所有景色尽收眼底，因为蜿蜒的小径时常狡猾地隐藏在灌木丛中，这些灌木主要为桂花、夏蜡梅、含笑花、栀子花、瑞香，以及茉莉花，每一株都开着芬芳的花朵。青牛胆（有的是绿色，有些颜色驳杂）、金丝桃（圣约翰草）、锦带花、岩蔷薇，以及其他灌木，多得不可胜数。一条条小径通向凉爽宜人且幽僻的角落，或是安静的休憩之所，上方有高大的落叶树木，绿荫遮蔽，远处的荒野中可以听到水流落下的声响。小溪和水塘边缘，覆满青苔的卷柏形成一片片微型的草坪，美得令人不忍踩踏。此外，这里还生长着孔雀草、荷叶蕨、绣球花、山菊、白萼、虎耳草等。

在意大利境内的阿尔卑斯山坡上，科莫湖与被誉为"淡蓝色脸盆"的卢加诺湖，两者当中谁能摘得美的桂冠，我尚无法确定，但有一点是足可确定的：卢加诺湖的风景与科莫湖一样，都是可爱的景致中最完美的。卢加诺湖坐落在通往瑞士的交通要道上，令人惊奇的是，它被掩藏得很好，那里的气候几乎与意大利南部的气候一般温和。周围是乡村地带，许多地方垦殖状况良好，葡萄、橄榄、无花果、桑葚和其他水果等，在附近地区那些实用且获利丰厚的工业中，扮演着重要的角色。与湖区相邻的地方，分布着几座园林，游人可以自行赏玩，并获得一种无拘无束的自由感，仿佛周围的一切美景都属于自己。这些园林中的植物，有些是我在欧洲大陆漫游时不曾遇到过的。在一栋气派的庄园前方，有一片露台，上面生长着一株迷人的紫薇，总状花序宽大、呈玫瑰粉、挺直。附近一栋小屋旁的花园里，我注意到了来自中国的芍药花——树种花朵当中，最具生命力者，茎部高达五英尺。我还注意到几棵较大的"石栗"树，以及来自摩鹿加群岛和斐济岛的桐树，生长在巨杉的树荫中。这些桐树也是绝佳的样本，高五十英尺，茂盛的枝叶几乎触碰到了地面。

另一座园林里有两种木兰属植物，它们本身便各自构成美丽的画卷。一种是北美土生土长的大叶木兰，花朵直径达十英寸，叶长、叶宽一英尺有余；另一种是玉兰（中国玉兰），高至少二十英尺，其非凡之处不仅在于植株庞大，更在于它那郁金香形状的花朵充满了活力，让周围的空气芬芳满溢。

山坡处开辟出一条长长的小路，蜿蜒曲折地循着湖的轮廓，延伸出许多英里。某天清晨，我在散步途中发现，这里聚集了许多为人熟知的英国植物群。此外还有一株俏丽的小植物，高五六英寸，几乎被那些紫红色的花朵压得喘不过气来——这是北美土生的"罂粟葵"，之前我从未见过，后来在滑铁卢战场附近一位农民的花园里见到了许多。

或许，湖区内最吸引人、最有趣的景点，要数卢加诺小镇所在的位置。小镇上方，陡峭的圣萨尔瓦多山拔地而起，借助缆索铁道便可以轻松攀上。从峰顶眺望，广阔的风光一览无余：轮廓分明、山峦绵亘的乡村风貌，利旁廷阿尔卑斯山、雷蒂亚阿尔卑斯山的支脉横贯其间。这些山川支脉间坐落着许多深谷，比如拉文蒂纳山谷，以及马焦雷湖附近的马基亚山谷。晴日里，可以瞥见山谷的南端。

在热那亚、科莫湖、意大利的其他地区以及瑞士，马栗一类的行道树，栽植的间距几乎不超过几英尺，修剪的方式大同小异，几乎都是平顶，每条大街的行道树高度完全一致，看起来死板得令人愤怒。自然，它们唯一的功能在于履行各自的职责：提供荫凉。码头两侧栽种了大量的槐树和银杏。一些私人旅馆和旅社的前方，设有葡萄藤覆盖的凉棚，下方摆着桌椅，着实是个休憩的好地方。

离开风光旖旎的意大利，我转向了瑞士的雄伟冰峰，经过贝林佐纳，进入举世闻名的圣哥达路，继续朝西北行进，这条路穿越圣高萨缢道下方的隧道（长九又四分之一英里），通向格舍嫩。在那儿，我雇了一辆车，沿着崎岖的小路折返回去，前往安德马特，途中经过了壮丽的魔鬼之桥——那里，巨大的高崖似乎越来越近，仿佛要阻断行人的去路。据称，魔鬼之桥最初由艾因西德伦修道院的院长——吉拉尔德斯主持修建，于1118年建成。该桥位于一片野性且壮美的景致中心，变质岩从水畔森然拔起，陡峭而连绵。桥拱跨度为二十六英尺，拱心石距水面七十英尺，呼啸而过的罗伊斯河几乎形成一道垂直的瀑布，桥拱横跨其上，整座大桥的海拔约二百英尺。这段道路在修建之时极为困难，工匠们首先必须借助绳索吊到下方，在岩石上炸出一块立足点。

安德马特是一座古老而美丽的瑞士村庄，坐落在罗伊斯河的多条支流交汇处，那里盛产鲑鱼。这种鱼，外加蜂蜜和芝士，是当地的主要特产。奥博仑溪附近有一片沼泽，那里长满了为人熟知的英国驴蹄草，在我造访之际，它们正与睡菜一同盛放。草地和牧场也生长着大量的山地金莲和黄堇（双花堇）。

我回到格舍嫩，住了一个晚上，次日一早继续前往阿尔托夫，著名英雄威廉·退尔的故事，便是以那里为背景。随后，我穿过隐匿的格道村庄，来到卢塞恩湖。

这座小镇的风景无疑是全瑞士最可爱的，沿着湖的北岸乘马车行驶，可算是最令人愉悦、最美妙的一次远足。在卢塞恩湖，我攀登了瑞吉山和皮拉图斯山——后者海拔高达七千英尺，但借助齿轮装置和轨道，相对而言，比较容易攀爬。

尽管天气初看晴好，但后来却并非如此，令人极为失望的是，我没能一览峰顶风光，整座山较高的部分，全都被云雾包裹其中。但这场旅程并非全然徒劳，至少我能通过采摘野花来自娱自乐。沿着古老而崎岖的小路下山时，我遇到了许多有趣的植物。岩石间的蓝色龙胆草可爱得堪称完美，在小片的草地中，偶尔可以见到高山银莲花、诞生花以及白色的毛茛。琉璃苣属的山琉璃草，能够开出最亮丽的蓝色花朵，仿佛一颗颗闪亮的宝石。湿润地带存在着大量的报春花，而它们的盟友——冰川梅和点地梅，则会在较为干燥的地方形成粉白两色的软垫。玫瑰红色的无茎蝇子草是石竹的近亲，几乎在任何地方都能看到它们密集的身影，而阿尔卑斯柳穿鱼则可以在一些细碎的岩石间若隐若现。在海拔较低的高山牧场，茎高两英尺的黄色龙胆草未尝不会被人与白藜芦联系起来。白藜芦是一种有毒植物，属百合科，花色偏白。众所周知的附子草，或川乌还没到盛放的季节，但在很多地方大量存在。各类马先蒿似乎对草地十分钟情，特别是多叶马先蒿，娇嫩的叶子乍一看去，会被误认成蕨类植物。

最为灿烂的一天，要数我登上瑞吉山的那天，阳光明媚，天空晴朗，空气凉爽而芳醇。我乘坐齿条轨道上山，沿途风景怡人，登至峰顶，目光所及之处，是能够想象出的最壮观的景象。

一片翡翠色、草坪般的前景，自我们脚底斜斜延展开去，四处点缀着最蓝的龙胆草，眼前是一个湖水和山川的世界。北部肥沃的平原上散布着一些村庄，闪亮的河水流向平静的湖泊，这些湖分属四个州——卢塞恩、伯尔尼、阿尔高以及楚格。南方和东方，阿尔卑斯山巨大的山脊，数不清的山峰，以及白雪覆盖的山峦，远远延伸出去，直到视界的尽头，与天际线融为一休。柠檬色的天空中飘浮着缕缕紫色的云霞。山间谷壑则被光影映得斑斑驳驳，闪亮而光泽的冰川，如同巨大的镜面，照亮或映照出袅袅升起的薄雾。事实上，这是最令人陶醉且唯一能与天堂梦幻联系在一起的景象之一，而这梦幻是任何画家或诗人都无法恰当表达出来的。

下山的时候，我没有乘坐铁轨，而是选择了一位向导随行，一路走到韦吉斯村，整整用了近四个小时。这场旅行远比我预计的更为艰难，因为下山路途大多陡峭且地面湿滑，但却抑制不住我观察和收集珍品植物的渴望。之前，我太过纵情，在山顶崇高的美景中沉醉了太久，因而耽搁了时间，动身下山时已经很晚了。我四处闲逛，采摘花朵，而且跌了许多跟头，这让向导万分着急，他想在夜幕降临前赶到韦吉斯村。为了弥补耽搁的时间，他领着我抄近路下山，时而沿着青草茂密的山坡下行，时而穿过沼泽地带。我遇到了巨大的阻力，累得筋疲力尽。这阻力来自我最后摔的那一跤。我沿着山坡连滚带滑，足足跌出三十英尺，摔进了一个泥坑，起身时满身污泥，活似一根腌泡菜，向导此前一直板着脸，此时也忍俊不禁。可对我而言，这并不好笑。我不仅丢掉了采摘的植物，脑子更是止不住地眩晕，恍恍惚惚，双腿打战！

瑞士的植物大多已为种植业所熟知，多多少少不那么有趣或是漂亮，引人之处在于，在这里能够见到它们原始的完美状态：数英亩的耳状报春花和其他同属植物，大片可爱的缘毛杜鹃、阿尔卑斯玫瑰、岩石坡上的欧石南；樱草属的植物、毛茛、银莲花、路边青、委陵菜、虎耳草、风铃草，以及前文提到过的许多植物，如同地毯般覆盖着山坡。日间的一次漫游，便可收集到上述植物，或是其他一百多种植物。龙胆草有九到十个品种，多为一年生植物，生长在雪谷中，或是山坡低处的草场上。雪龙胆和紫花龙胆均为一年生，时而见于陡坡处，而更娇弱、淡蓝色的嫩龙胆（同样为一年生）则要在草丛中寻找，十分罕见。更为常见、最受旅人青睐的是矮人龙胆、巴伐利亚龙胆，以及春龙胆。这些种类几乎都是深蓝色，但并非都在同一时间开花。造访瑞士的游客往往寻不到高山火绒草，不过，在海拔二百英尺以下的、肥沃的山坡草坪上，或是岩石当中，偶尔能够见到。由于求者心切，找到后往往连根拔起，或是彻底毁掉，它们就像岩蔷薇和新南威尔士的特洛皮（澳洲落叶灌木）一样，如果不加以保护，必然会灭绝。

卢塞恩附近有一些别致的私人小园林，而所谓的"冰川园林"更是别具一格，距离著名的"狮子纪念碑"不远。狮子纪念碑是一尊雄伟的雕塑作品，是由托尔瓦德森在岩石表面创作的浮雕作品，面积为 28 英尺 ×18 英尺，表现的是一只被长矛所伤、垂死中的狮子。这尊浮雕是为了纪念在巴黎杜伊勒里宫中，为保卫法国王室而牺牲的七百六十名士兵，以及二十六名军官。岩石上方悬挂着月桂枝、夹竹桃、绣线菊、常青藤和铁线莲，下方是由泉水形成的水池，倒映着浮雕。

冰川园林最具教育意义，其中保留着各个冰河时期的有趣遗址。早在冰河时期，阿尔卑斯山脚下的整个山区还被海洋覆盖着，热带的温度滋养了那里的热带森林。整个北半球都处于冰封状态时，这里或那里偶尔存在着一块块绿洲，居住着眼下早已灭绝的动物。1872 年至 1876 年间，裸露的山坡上发现了三十二个洞穴，地质学上称为"冰川壶穴"，这些洞穴大小不一，最大的宽为二十六英尺，深三十英尺，是在冰川下层的溪流及石子的滚动作用下形成的。岩石的表面也能看到冰层运动留下的印记。

随后，我们从卢塞恩出发，乘坐火车前往拜茵湖，后又转乘轮船，来到美丽的因特拉肯小镇。这个小镇坐落在伯德立平原上，位于图恩湖和拜茵湖之间。在那里，可以望见伯尔尼兹山的少女峰，她像一个女巨人一般耸然挺立，熠熠生辉，从山底到峰顶，高度达一万三千六百七十英尺，终年被积雪覆盖。对于游人而言，最具吸引力的（特别是在暖和的天气里）是一条由高大且伸展的胡桃树（高七十英尺，树干周长达十五英尺）所构成的林荫路——何维克街。这条街的一侧，有富丽堂皇的旅店，雕琢精美的木头小屋，另一侧是广阔的草地。这里有一座名为"克雷恩·卢根"的公园，坐落在一座小山丘上，小山最高点的海拔为二千四百二十五英尺。实际上，这座公园是一片茂密的树林，林中曲径蜿蜒，十分可爱，几乎能见到各类瑞士和意大利的树木。在公园的不同位置，能够看到伯德立山谷和阿勒河，以及滔滔河水流经山谷的壮观景象。此外，还可以看见两侧的图恩湖和拜茵湖，两片湖泊都像海水一般蔚蓝。整片风景中最突出的，是上文提到的少女峰，远在十一英里之外，雄伟而壮丽。在因特拉肯小镇的周围，人们都在各自的田里忙碌着，对于乘坐了几个小时火车和轮船的游客而言，刚刚修剪过的草坪，闻起来是那样的清香和提神。

在小镇的近郊，山楂树、黑莓、黑刺李和桦叶槭组成了一道道"混合篱笆"，标记出道路的界限。在篱笆的阴影里，生长着乌头草、龙胆、秋水仙、茄属植物，以及天仙子。数条小溪流向阿勒河，溪畔生长着黄色的鸢尾花和毛茛，这些植物在瑞士的其他地区也大量存在。

在因特拉肯小镇停留期间，我造访了格林德瓦村，这个迷人的村庄坐落在艾格峰、麦登伯格山及韦特霍恩山的山麓地带。从那里步行四英里，便到了冰川雪洞——冰川上的一个洞窟，位于修雷克宏峰的侧脊。进入冰川内部之前，先要经过一道冰封的"拱门"，长数百英尺，宽八到十英尺，由于上方压力所致，"拱门"上已出现多道裂隙。尽管这透明且美丽的蓝色穹顶可在一时间娱人眼目，但洞中冷气逼人，头上滴水不断，脚下湿气森森，令人不敢逗留太久。况且，我们都急着返回洞外，想一览下方山谷中肥沃的绿野。

我们回到格林德瓦，然后驱车前往劳特布伦嫩谷地。"劳特布伦嫩"的含义是"清纯泉水之谷"，或"只有泉水，别无他物"。这个名字可谓十分恰当，因为这的确是一片由泉水和瀑布构成的山谷，两侧是巍峨陡峭的山丘，这里或那里的树木减少了几分险峻之感，峰顶被树丛包裹着，一片翠绿，树木边缘处生长着玫瑰红色或橘黄色的苔藓。一道道翠绿的"山墙"高耸着，阳光很少能透进来。几条知名的小瀑布——施陶河瀑布，又称"尘溪"瀑布，从上空直直飞落，化身一道道银色的水雾，飘散在下方的深谷之中，垂直落差高达九百八十英尺。拜伦优美的诗行比任何凡俗的长篇大论更能凸显此情此景之奇妙：

此时并非中午——日虹依然高拱

激流映着天空的重重色彩

波浪泛着点点银光

流过险峻的崖口

抛洒出的水流，泛着泡沫，闪着光

左摇右摆，像那灰白色骏马的尾巴

这匹高大的坐骑即将被死亡毁灭

启示录里早已写明

8247. P. Z. LUZERN. GLETSCHERGARTEN.
FELSGROTTE, EINGANG ZUR GLETSCHERMUHLE MIT CLUBHUTTE.

冰川园林，洞穴以及俱乐部，卢塞恩，瑞士

　　途中的原野仿佛被各色花朵点燃——大部分是深红色、粉色、白色以及蓝色的花朵。这些原野才是真正意义上的园林，它们被视作神圣之地，从不会被镰刀所亵渎。大片的草地，修长而优美的草叶，为这里增添了足够的、用来展示的绿意，让那深红色的罂粟显得不那么耀眼。白色的雏菊和雪片莲、蓝色和紫色的风铃草、天竺葵、芹叶太阳花，紫苑、鼠尾草、矢车菊，以及紫色的"假发矢车菊"，数量最多。高山亚麻和天蓝色的勿忘草在一片片吊兰中间挣扎着求生，这些吊兰的花朵呈乳白色，与百合相似。此外，还有银色叶子的水苏、山萝匐、色彩暗淡的耧斗菜，以及周边的银莲花和硫黄色的海葵，各类花色令人赏心悦目。浸染着橘黄色的夏侧金盏花、粉色的两栖蓼、穗花婆婆纳，以及亮蓝色的条叶风铃草，似乎稍逊于长势更盛的酸模、紫色的矢车菊，以及令人眼晕的罂粟。此外，小片生长的海石竹、黄色的堇香花、野生的三色紫罗兰等，全都沿着路缘，建立起了各自的领地。这种令人讶异的草地花园，或许在瑞士比意大利更常见，无意中融为一处，却十分和谐的种种色彩，的确令人着迷。大自然的妙手栽植，即便没有给那些信奉移植技术的人带来什么，也给园林艺术家们提供了借鉴，值得在大规模的私人园林中推广。

　　前往伯尔尼的途中，我经过了达林顿和图恩湖。瑞士的首府十分别致地坐落在阿勒河畔，在众多引人好奇的景点中，有一处是建于 1191 年的古钟楼，楼上的钟表不仅指示时间，更能显示日期、月份、月相和星象。

当地的植物园坐落在一片山谷中，规模不大，却搜罗了不少草本和药用植物，全都安排在园圃中，供植物学专业的学生观摩，不过树木和灌木却是例外——挤在一处，相互间争夺着生存空间，显得十分凌乱。此外，小型温室里的盆栽植物似乎打理得不够用心，显得委顿不堪。多年前，伯尔尼的城防设施便已改成了公共道路。散步的最佳场所莫过于"露台"和"尤吉区"，在那里可以俯视阿勒河。露台区高出河面一百零八英尺，四周有高贵的栗树荫庇，是散步的好去处；后者在亚尔堡大门外一英里处，那里可以看到伯尔尼兹山的壮丽景象，并以此闻名。

February 1897

我 4 月份抵达那不勒斯，小驻几日后，前往那个清新爽朗的小镇——斯塔比亚海堡。小镇位于海湾东角，距那不勒斯七十英里。我还参观了那不勒斯的植物园，不得不说，给我留下的印象并不算好，尽管园中收集了数量可观的植物，但安排不够妥当，树木和灌木大多萎靡不振，看起来病恹恹的。它们似乎更需要排水，而不是营养。许多植物，包括澳大利亚的植物种类在内，都标识着错误的名称。这座植物园建成于 1809 年，位于弗里亚大街的左侧，四周围着坚固的铁栅栏。

这里最主要的度假场所之一，是国家山庄，位于海湾对面，是整个城市里最惬意的散步场所。游憩场按照意大利风格铺设，大街小巷乃至宽阔的中央街道两侧，种植着绝好的犹大树，另外还有几丛或几行知名品种的棕榈树——海枣、中国和日本的蒲葵，以及蓝棕榈。

在斯塔比亚海堡，除了一两个小广场之外，几乎没有太多的园艺景观，大多是装饰性的几块花圃和用来遮阴的树木。一座名为奎西萨那的小山的山坡上，有一座公园，园中有几条惬意的小径，自栗树林和角木林中穿过；左侧是库柏鲁山，几条美丽曲折的林间小路自溪谷中穿过，在那里，能够一览海湾和维苏威火山的亮丽风光。在索伦托，同样有一座规模不大，且规划不善的园林。不过，这里也不需要一座固定的园林，这片惹人喜爱的滨海地带，本身就镶嵌在华丽的橘子树、柠檬树及橄榄树当中，轻柔，梦幻且醉人的空气中，弥漫着树木的方向，整个地区都成为一片天然的园林。

在索伦托停留期间，我去了趟卡普里岛，岛上居民大约五千人，主要经营水果种植、榨油、红白葡萄酒酿造等行当。据说，那里的本土植被多达八百余种，但这点并不值得赞扬，因为这些植被当中，主要是杂草和野草，山坡上未经垦殖的区域，很少见到树木和灌丛。但凡有几根树枝，也被女人和孩子们捡回去烧火用，即便黄连木的嫩枝也不放过。岛上倒是有些黄连木的本土物种：乳香黄连木，这种树能够生产著名药材——乳香脂，还有产出沥青树脂的红脂乳香树，以及阿月浑子，但看起来无比矮小，浑不似南欧那些黄连木挺拔。

坐落在卡普里岛海岸的蓝洞是一处著名的景点，但只有赶上风平浪静的天气，才有缘一见，许多游人只能在那里待几个小时，常常大失所望。我雇了一艘小船，误打误撞，居然幸运地进去了。恰巧这天的天气绝好，阳光明媚，水面几乎没有一丝波纹。洞穴的确可算最美的一处景致，水是蓝的，洞顶是蓝的，船是蓝的，所有的一切都是蓝色的。关于这种现象的成因，有许多种解释，我认为，这是因为水底为白色，借助从小孔射进来的光线，可以将水天然的蓝色反映或反射出来，洞顶也是浅色，因而极大地增强了这种效果。有一点特别令人惊奇，那就是，南部海域中，所有珊瑚礁上的小岛——我见过许多——其边缘都呈现出同样的蓝色，我在瑞士的冰川里也见过这种现象。

不论我这浅薄的猜测正确与否，蓝洞无疑是一处令人惊叹且

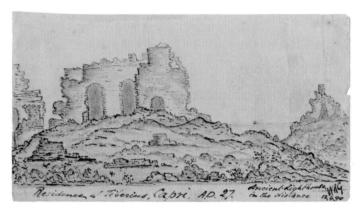

提比略宅邸速写，卡普里岛，加法叶绘，1890 年

斯塔比亚海堡港口，1880 年

优美的所在，德国诗人、画家寇辟诗所言不虚："在蓝洞里，由于光线来自海底，穿过蓝色火焰般的海水，以惊人的方式，让这个宽敞、宏大的洞穴，每个角落都充溢着蓝色。"任何言语都不足以描绘这水的奇绝，仿佛所有的一切都包裹在蓝色之中。位于海堤上的拱形入口只比海面高出三又二分之一英尺，要想进洞，只能平躺在小船上。海浪汹涌时则极其危险。

蓝洞长一百七十英尺，宽八十英尺，高五十英尺，深度大致与水深相等，尽头是一条窄窄的裂隙，长三四百英尺，一直延伸到大山深处。

卡普里岛的海崖上还有另外两个洞穴，令我深感遗憾的是，停留时间有限，无法前往参观。其中一个叫作"红洞"，因洞顶和洞壁的岩石较潮湿、长满了红地衣而得名；另一个叫作"绿洞"，据说洞里的绿色，是由含硫的水汽与大海的蓝色相混合所致。

在意大利境内，这里无疑是一片有趣且美丽的区域，在此停留期间，我造访了位于斯塔比亚海堡和索伦托之间的橄榄种植园。这座种植园离玛法不远，坐落在前往萨莱诺省帕埃斯图姆镇的道路旁。在种植园的许多区域内，橄榄树全凭自然生长，种植得过于密集，野草都长到了树干的高度。除了用于榨油的少许几根树枝，其余部分几乎从未修剪过。有些种植园一直延展到高耸的山丘顶端，那里的橄榄树打理得不错：间距较大，从中间部位开始便得到了精心修剪，因而阳光可以透入，这是果实成熟所必

那不勒斯附近葡萄藤和蔬菜，素描，加法
叶绘，1897 年

需的条件。

在这里，以及意大利的其他区域，葡萄藤的培育方式较为特别——藤蔓几乎生长在一排排各类树木上：橄榄树、桑树、白蜡树、杨树、榆树及橡树。这些树的间距为十五到二十英尺，从树木底部往上，好大一部分枝叶都被去掉，任由葡萄藤恣意攀爬，相互勾缠，呈现出一片半自然生长的态势，偶尔会留出一段距离（六十六英尺），用于种植谷物、饲料作物，或是卷心菜、莴苣、洋蓟、土豆、洋葱等。几乎每一寸肥沃的土地都得到了利用，从那不勒斯到罗马，这类培育方式最为常见。就连桃树、杏树、胡桃树、无花果树或石榴树等，都被砍掉了枝叶，承担起培育葡萄藤的职责。后者常常攀爬到二十英尺或更高的高度，摘葡萄时必须使用梯子才行。这种"树木培育法"的主要目的，是为葡萄藤遮阴并提供支撑，同时也能为农夫生产大量木材，在夏天里提供一片荫凉。

在意大利南部，采摘橄榄、橘子以及无花果的人工费，是每天二百到三百法郎。橄榄成熟后，工人要么爬上树去采摘，要么摇晃或用棍子抽打树干，让橄榄掉落在下方铺好的软垫上，由女人和孩子们去捡拾，人工费大约是每天一又二分之一法郎。

这里的意大利人时常抱怨，说近年来橄榄的收成不如从前，像橘子和柠檬一样，橄榄每三年只能有两次不错的收成。橄榄油的价格偶尔会有差异，不过质量最好的橄榄油，通常以每夸脱一法郎、两索德或两生丁的价格卖给商人。

意大利人通常会每年修剪一次橘子树和柠檬树，从树木的中心开始修剪，去除多余树枝，将外缘的树枝绑在木桩上，从而让阳光透入、催熟果实。在春季的严霜期，当西北偏北风在这片区域肆虐的时候，种植者很少会忘记，用长杆或叉子将草垫或稻草支起，从而遮住那些橘子树和柠檬树。

罗马的植物园引起了我的兴趣，只是它规模很小，或者可以说，还处在"婴儿期"。这座植物园的管理者是一位世界一流的人物——罗兰·皮罗塔博士，伦敦林奈学会成员，大学植物学教授。尽管缺乏资金，他却在几番努力之后，成功地收集了大量的热带植物，这些植物只能种在花盆里，夏季要放在户外，冬季要放在暖房里，意大利的许多同类机构都是这样操作的。目前园林的室外场地有限，不能以树丛或灌丛的形式展示，但收集的植物种类却不少，到处可见苗圃，里面培育着多肉植物、草本植物、鳞茎状植物。在各类盆栽当中，我发现了许多澳大利亚的树木和灌木，最显眼的莫过于桉树、金合欢树、桃金娘、哈克木、木麻黄以及银桦。

位于罗马的农业部博物馆中，收集了大量具有教益的植物：谷物、小扁豆、各类水果以及真菌类植物，全都有条不紊地陈列在箱子和瓶子中。各类具有经济意义的植物通过风干的标本、墙上挂着的彩色平版印刷品进行说明和解释。植物易患的疾病，包括虫咬和真菌感染等情况，则通过对茎、叶、干的剖面图做出说明。此外，还对各类树木的用途——适合制成何种器物——进行了展示，包括对木材进行的重压强度测试。药用植物、饲料作物（药草和野草）、产蜜的花朵等，都处于风干状态，分布在不同区域。整栋建筑里的所有标本全都分类有序、排列整齐，这都要归功于博物馆的管理者。

罗马的公园布局颇具品位，有绿荫大道，成荫的树林，不过从原则上讲，并不值得仰慕，在我看来，这里的景观风格过于死板，草量不足，石子路却铺得太多。

古罗马的苹丘，又称花园之丘，据说在平库统治后期才得名（平库在那里有一幢宫殿）。著名的卢库鲁斯园林就在这座山丘上，再后来，这座园林变成了一片葡萄园，归属于圣玛利亚修道院。拿破仑一世统治期间，这里又被瓦拉迪耶改建成游乐场，直到如今，这座园林仍然发挥着供人游乐的功能。傍晚时分，这里会变成一条时髦的行车道和人们散步的大道。天气晴好的时候，乐队会在这里进行演奏——每周总会有几个下午举办演奏——周围挤满了有身份、有身价的人，罗马的美女，以及外国游客。这里有几条怡人的小径，两侧种着绿荫浓浓的树木——常青树及落叶木。马栗通常无人过问，任其自然生长。榆树、桦树、臭椿、槐树、刺槐及其他树种，有的成排地生长在大道两侧，有的一支独立，树下设有许多座位，早、中、晚不断有游客前来欣赏。这里的花圃虽然有些死板，却一片生机勃勃，一年里有六个月的时间都能一饱眼福。园林里安放着许多意大利名人的半身像和塑像，山丘顶部有一片凸出的露台，高一百五十英尺，从那里可以

罗马广场，罗马，1880 年

一览这座永恒之城的当下风貌。

几乎每一位来到罗马的游客，都要去罗马广场、竞技场、恺撒宫、卡拉卡拉浴场、哈德良别墅，以及坎帕尼亚的高架水渠等地"朝圣"，在这些地方稍稍驻足，回忆昔日的辉煌，感叹历史变迁：这些恢宏的建筑被创造出来，随即又被遗弃，这期间，流逝了多少时光！相对而言，较少有游客对这里的植物感兴趣——那些残垣断壁中安家并生生不息的植物。

从脚下的野草，到石头上细微的苔痕；从残砖碎瓦间悄然生长的柳穿鱼，四处蔓生的紫堇、毒芹、荁苕、龙葵、蝇子草、日光兰、野生苗、娇小的海绿，到阔叶的虾膜花和排草，全都在阳光中闪耀生辉，给这残破的废墟戴上了一顶绿色的皇冠。对于植物学家而言，这些植物极具吸引力，只需一个小时的漫步，就可以采摘上百种之多。

恺撒宫的遗址位于帕拉蒂尼山，目前已出土一半，宫殿顶端是一个颇具规模的花园，一个的确算不上美丽的花园，但坐在柏树、紫杉、酸橙树及无花果树的树荫下，打量着整个都市，或是偶尔瞥一眼古老的地基，望一望穿顶大厅的遗迹——国王和皇帝的著名宅邸——此番感受倒也惬意。在数不清的、笔直的小径两侧，或是在无人打理的、半野生的灌丛里，可以发现全世界各个地区的代表性植被：角豆树、桲树、栎树、栗树、山毛榉、胡桃树、石榴树，各类为人熟知的树木，以及英国公园和园林里常见的灌木。亚洲枣树、柏树、雪松、中国垂柳、石南、日本枇杷、金钟柏、日本柳杉、栾树、天堂树、非洲百合、枸杞、芦荟等，躲在西班牙或英国的金雀花、杨梅、浆果鹃，以及红脂乳香树的荫凉里。此外，还有加拿大云杉、北美皂荚树、加利福尼亚的松树和刺柏、澳大利亚桉树和新西兰婆婆纳。

桉树大多种在坎帕尼亚区的边缘地带，特别是在三泉隐修道院附近，一个不论是从健康程度，还是从周围境况来说，都算是被遗弃地方。那里的山丘和平地上，如今长满了许多较为普通的桉树，几乎可以令人产生一种身在澳大利亚桉树林中的错觉。遗憾的是，台伯河哺育的那片起伏不定、瘴气丛生的山野中，居然见不到树木，且未经开垦，从而导致无人居住。

普林尼曾这样描述这里："坎帕尼亚是如此的幸福、美丽、怡人，仿佛是欢乐的大自然创造出的作品。的确，这里的空气生机勃勃，常年清新；这里的平原肥沃，山丘洒满阳光，树林充满健康的气息，浓密的树丛，树木品类繁多，清风抚慰着高山；这里盛产水果，葡萄，橄榄；这里牛羊成群，蔚为壮观；这里有数不清的湖泊、河流、溪水，奔向许许多多的海港，海湾处坐落着全世界的商业交易所；这些河流溪水涌向大海，履行着它们的使命——为一个个普通人提供帮助。"

March 1897

我的下一站目的地是佛罗伦萨。我不得不真诚地说，尽管在欧洲大陆上，我希望，甚至可以说是渴望获得愉悦，渴望欣赏任何我见到的公共园林或公园，但这样一个机会并非时常能得到。此外，还有其他诸多有趣之处值得注意。若是能就英国和欧洲大陆关于景观性的、装饰性的、科学性的园林之差异进行说明，那就十分理想了。

佛罗伦萨的波波利园林是皮蒂宫的一部分，坐落在亚诺河的左岸，整体形状类似于三角形，每周四和周六，从中午到黄昏，这座园林向公众开放。园林在山坡一侧呈阶梯状分布，有些部分位于更为陡峭的山丘上，内设多条笔直的甬道，或是小径，这些道路相互平行，或呈直角交叉，外缘是一圈精心修剪的、状若高墙的树篱，有些地方高度至少为二十英尺，厚度为四到五英尺，将整座城市的景观隔绝在外。的确，在这些月桂树、紫杉、女贞构成的高墙之内，只有一两处位置能够看到外面的景色。园区内有条长长的主路，两侧长满了高大的松树，但由于间隔只有几英寸，这些松树几乎是光秃秃的。从主路上又分出几条较短的大道，分别通向左右两侧，连接几条较窄、较曲折的小径。小径的边缘耸立着高大的常青树，或装饰着花圃、矮灌丛。

整体设计和园林的布局模式，尽管符合意大利人的品位，但无疑太过死板和俗丽——如果还构不成丑陋的话。与欧洲大陆上的许多园林一样，这里安放了过多的塑像、石棺、陵墓、方尖纪念碑、喷泉、陶器、仿制的经典作品，以及一些原创的现代作品。

　　一个人工洞穴中摆放着四尊巨大的雕像——米开朗琪罗的作品，部分被遮挡住了，还有两个砖石结构的、形式颇为常见的鱼塘。此外，还有几片草坪，后方或周围是陡峭的、长满青草的河岸，几级台阶一直通向水边；这里或那里零星摆放着一些座位，但看不见美景。就是这样一座园林，居然被许多本地居民和游客交口称赞。它是在科西莫一世统治期间，由特莱波拉于1550年修建而成。

　　如果说，这座半公共的园林在设计和装饰上缺乏美感，那么公园（卡施奈）和那条名为"希尔斯大街"的散步大道则截然不同。这条大道曲折蜿蜒，所经之处多为高地，可以俯瞰整座城市，宽六十六英寸，长达四英里左右，两侧各有小径，还有美丽的树丛荫庇。这些树木包括榆树、赤杨树、杨树、酸橙树、梧桐树、钻天杨、西卡莫槭等，姿态优美，间距充足，树枝能够得到充分的生长。这里或那里坐落着一些可爱的游憩场地，四周环绕着由玫瑰、月桂、棉毛荚莱组成的篱笆，或是偶尔点缀着棕榈树、形形色色的枫树、红叶榛子树、紫叶梅子树等，为整片风景增添了亮丽的颜色。米开朗琪罗广场上耸立着雄伟的大卫青铜像（米开朗琪罗著名作品的仿作），从那里可以看到佛罗伦萨，以及流经其中的亚诺河——这是最美、最可爱的景致。卡施奈公园坐落在亚诺河右岸，内有一条怡人的步道和车道，两侧耸立着八十至一百英尺的大树，绿意盎然。就其规模而言，可分别与巴黎的布洛涅公园以及伦敦的海德公园相媲美，堪称午后小憩的绝佳场所，特别适于骑车或驾车。卡施奈公园的中央位置，有一处开阔空间，每周都会有军旅乐队进行多次演出。公园里的甬道旁，种着一行行整齐的梧桐树、鹅耳枥、榆树、甜栗、马栗、钻天杨、黑杨、白杨、刺槐、洋槐、甘露蜜树，以及各类其他树木。

佛罗伦萨的植物园有着一百余年的历史，规模不大，除了一些绝好的树种之外，还收集了大量的盆栽植物，按照地理位置排布，夏天陈列在空地上，冬天则陈列于室内。玻璃构造均为大尺寸，里面培育的植物均为精心种植的样本，其中有澳大利亚石南、新南威尔士特洛皮、合椿梅、杰克逊港岩蔷薇，以及各类价值不菲的澳大利亚本土植物。

这里的植物学博物馆由卡德威尔教授管理，是一家独立的机构，也是深受大众青睐的场所。博物馆内有一间排列整齐、蔚为壮观的植物标本室，并有大量的果实分类学藏品，几乎囊括了澳大利亚的全部桉树果实、桃金娘目的各类物种，以及西澳大利亚和非洲山龙眼的各类珍稀样本。

我从佛罗伦萨向西行进，前往比萨，一座主要以钟楼闻名的城市。那座钟楼高达一百七十九英尺，偏离垂直线十三英尺。比萨城中有个不错的松树种植园，名为"圣罗索雷农庄"，大约在一英里之外。海岸上有个地方叫作"贡布"，1822年，诗人谢尔比在那里溺水身亡。据说，他的遗体被焚化时，拜伦、利·亨特和楚劳耐都在场，骨灰被安放在罗马的塞斯提伍斯金字塔附近。

那片松林在城外几英里处，驾车从林中穿过，惬意非常。林中主要生长着石松、海岸松和地中海白松，偶尔有小片的橡树、榆树、桦树及鹅耳枥。

在这片森林里，生长着大量用于出口的珍贵木材，它们被砍伐下来，运到海岸附近的锯木厂，等待加工。我遇到过十八到二十匹骆驼，身上载着沉重的松木——长约十五英尺，厚度至少有两英尺。这些骆驼行走得很慢，尽管这些可怜的生灵十分强壮，但背上的压力似乎太过沉重了。木材用结实的绳索纵向捆着，重量分布得比较均匀，下方垫着一个个袋子，里面似乎装着锯末，固定在驼鞍两侧。

有些地方的下层灌丛十分稠密，大多是些意大利鼠李、枸杞，能够自由产籽。在比萨，我见到了一座植物园林，与佛罗伦萨的那座有些类似，同样十分古老，是由著名的植物学家切萨尔皮诺① 修建而成。园林规模不大，占地只有几英亩，但收集了数千种耐寒植物，多数是盆栽，十分系统地排列在一列列狭长的苗圃上，苗圃之间设有小径，并对所有的植物都进行了仔细的标注。此外，还有一间宽阔的植物标本室，一座经济植物学博物馆。

热那亚的植物园林是壮丽的"大学宫殿"② 的一部分，但作

① 译者注：安德烈亚·切萨尔皮诺，意大利植物学家，文艺复兴时期第一位植物分类学家。
② 译者注：这里指卡塔尼亚大学。

为园林而言，可以说是乏善可陈。阿卡索拉大道倒是一个散步的好去处，它坐落在城市东北端，设在那座1837年修建的古城墙上。不远处便是维列达迪内格罗公园，一座打理得十分俏俪的园林，园中有一座不大的自然历史博物馆。这座园林占地只有六到八英亩，但建筑技巧和品位却堪称典范，让有限的空间看起来十分广阔。树木和灌丛安排得巧妙非常，从园中的任何位置都看不到园区的边界或是园内数不清的小径。这座园林坐落在一座小山丘上，一部分是人工修建，或者说增建，无数条沥青甬道在岩石和水塘间蜿蜒，通向雅致而隐幽的角落，绿荫盎然的休憩之所，穿过精心打理的灌丛——灌丛两侧是花圃——一直通到山顶的堡垒。堡垒四周装有围栏，下方两百英尺处就是入口。附近有一座凉亭，亭内设有许多座位，还有一块水盆状的岩石，里面长满了睡莲，边缘满布着蕨类植物。盆状岩石里的水，是城市供水系统硬生生"压"上来的，从岩石间流出时，形成一片精美的小瀑布，随后又流回裂隙或是水管中。这些水管被巧妙地隐藏在装饰性的野草、竹子、芦苇以及喜爱潮湿的下层灌丛当中。走进山下的园区，仿佛置身于一片广阔的园林，可来到山顶才发现，这座园子的妙处就在于一个"小"字，想在山顶一览园内小径的网络，只能是白费力气，由于设计奇巧，它们全都隐没在各种各样的美丽植被当中。在山顶远眺，城市景观可谓美不胜收。整座城市都环绕在一片绿荫当中，街道和广场规划整齐，仿佛坐落在一片茂密的森林当中。再远处是俏俪的港口、地中海上的船只、热带风情十足的波内德海岸，以及在蓝天白云间巍峨耸立的亚平宁山脉，此番美景只消入眼，便久久不能忘怀。园内也收集了许多种类的植物，形态之庞大令人称奇，在这一点上，松树一类可谓代表，此外还有英国的树木，也都十分高大，紫藤、比格诺藤、紫葳、毛玉露、醉鱼草、黄木香和各类玫瑰，全都长到了最高尺寸并融合成一片。这里的杜鹃、映山红及山茶多种多样，扇形叶子的棕榈、新西兰朱蕉傲视着下方灌丛中的木兰、金叶冬青和紫榛，为这座美丽的迷宫贡献出一份恬适。

在热那亚，许多街道由于过于狭窄，栽种树木时拉不开更大的间距，不过最新建成的几条更宽的大道两侧，却种植着一些特别的树。比如，一条街道边上种着长满白花的七叶树，另一条街道边上种着长满红花的七叶树，还有一条街道边上种着白桐——枝叶茂盛，开着紫色的花朵，总状花序紧凑。还有一条路上，种着习性相近的美国梓树，还有的路旁种着刺槐，开着吊坠状的白花，气味芬芳；另外，还有犹大树，心形叶子，开粉色花，以及甘露蜜树，鹅耳枥，等等。

在大道旁的灌丛里，以及一些广场的空地里，丁香、石斑木和海桐用各自的清香浸染着周围的空气，海桐的高度达二十英尺。当然，我更青睐只用落叶树作为城市的行道树，常青树提供的荫凉在冬天显得比较多余，而落叶树在冬天会营造落叶飘飞的景观。

由于时间有限，我无暇在海岸地区停留更久，更不用说去

野生热带园林一瞥，帕拉维奇尼别墅，热那亚附近，加法叶绘，1890 年

尼斯那么远的城市了。不过，距离热那亚几英里远的地方，在朝
向尼斯的方位上，坐落着一幢别墅——帕拉维奇尼别墅，我到那
里去参观了一番。别墅的主人是意大利的一位贵族，道奇·帕拉
维奇尼爵士。这是一座半野生的园林，占地近百英亩。这里有松
树、桦树、榆树、橡树、桦树、山毛榉，以及各类英国树木，有
成片的花朵，有些地方的常春藤茂盛如海，缠绕甚至"吸收"着
那些更加古老的树木；黄芦木、夹竹桃、冬青、欧石南、接骨
木、女贞等灌木中，夹杂着木兰、山茶（十六至十八英尺高）和
大量的杜鹃，生长在林间开辟出的空地上。风信子、蓝铃、水
仙、银莲花、紫罗兰及报春花，在山坡的草地上恣意地生长着。
从严格意义上来讲，这并不是一座野生的园林，而是综合了荒
野、野生园林、树林或矮林的混合体，偶尔会遇到惊喜，发现高
端的园林艺术——有的是现代英式景观，有的是荷兰、意大利或
法国的形式流派；但这片地区的绝大部分都属于野生园林，而我
最钟情的，正是这种园林。植被种类之繁多令人讶异，几乎囊括
了各个气候带的植被：橘子、柠檬、香橼，以及英国的成材木；
苹果、梨子、楤桲、莓果，显然都是野生的；画面背景中有挪威
云杉、东方枣树、蒲葵、苏铁、来自中国和日本的枇杷；有一小
丛来自美国及澳大利亚东南海岸的树木和灌丛——我们的桉树、
金合欢、串钱柳、千层树、哈克木、银桦等占据了一部分。南洋
杉、青鸟花、贝壳杉、番樱桃，以及来自昆士兰和新西兰的许多
植被，像在它们本国的灌丛里一样，在这里尽情地生长着。甬道

曲曲折折，有些地方的边缘参差不齐，一直通向陡峭的山坡，山坡的最高处是一座破旧的城堡，下方的山谷里丛林密布，溪水如水晶般清澈，一派野性壮美的景象。山谷的尽头突然出现一个岩石山洞，洞内漆黑无比，连自己的手都看不见。向导领着我们穿过山洞，下方传来一阵水声，天光突然又出现在眼前，仿佛穿过这个满布钟乳石和石笋的洞穴，便突然来到一片人间乐土。

　　一片绿宝石般的草坪斜斜向坡下的湖水延展而去——是什么这样晶莹耀眼？是一个庞然大物！一半是镀金色，矗立在湖水中。那是一座结构精巧、大理石构造的狄安娜神庙！附近的灌丛里有一个土丘，上面挺立着一座土耳其清真寺风格的避暑屋。湖水较窄处——宽度与河流相若——架起了一座镀金桥，一直通向对岸那些五颜六色、尽情盛放的红花杜鹃。这里的樟脑树高达七十到八十英尺，周长为九英尺。广玉兰的体态也不遑多让。蓝花楹、草莓树状越橘，以及莓实浆果鹃的长势异常旺盛。这里的海枣是生产果实的。欧石南往往长到二十英尺高。九重葛长成了一大片灌丛，芬芳的瑞香在这片野性的区域内四处蔓生，仿佛种子被收集起来，又被广泛地撒播出去。在这座位于热那亚附近的野生，或者说混合野生园林里，我整整耽搁了一个小时的时间，而这一个小时让我感到前所未有的享受。

　　随后，我又造访了罗帕拉别墅，是罗帕拉侯爵在热那亚的一处地产，它位于比萨市。见识过帕拉维奇尼别墅的园林之后，这里的园艺并没有什么特别值得注意的地方，不过一些树种却是极好的，比如枣树、金棕、金山葵，以及各类棕榈树，加上天堂鸟、日本苏铁，营造出一幅惬意的热带景观。在诸多种类的枣树当中，加拿利枣椰可以算得上是绝佳的样本，树干净长达十英尺，树叶长势惊人。这座园林令人厌恶（我必须如此用词）之处在于，铺设了大片的石子路，而不是草地，苗圃均为不规则形状，周围铺有参差不齐的石块，矗立在一片石子当中，苗圃里的植物形形色色，从委顿的马鞭草，到昂然的柏树，全都混杂一处，凌乱不堪。

意大利人十分偏爱在别墅四周建墙，更擅长用所谓的"壁画园艺"来覆盖墙面。他们在墙上种植各类树木或灌丛，并非因为这些植物无法在空旷处生长，而是为了掩盖墙面的赤裸与单调。橘子、柠檬、石榴、枇杷、木兰、鼠刺、月桂、紫杉、海桐、柏树，以及许多其他树木，都被用作这个目的。尽管在这一点上，我不同意使用松树一类，但这套系统倒可加以利用并在澳大利亚采用。在英国，这种方法常被用于保护植被免受霜雪伤害。此外，意大利人也巧妙地使用了女贞和山竹——英国用的是杜鹃、桃叶珊瑚和月桂等——作为下层灌木，置于空间广阔的公园和园林之中，尽管不论是在意大利，还是在任何地方，这些女贞一旦任其生长，很快就会长成一片茂密的灌木。

在热那亚附近的一处海滩散步时，我见到了一些在澳大利亚才能见到的老朋友：滨藜、木麻黄、苦槛蓝及金合欢，同时还有弗吉尼亚商陆——生长在沙岸上。这个城市的郊区和城区乃至乡村地区，都具有这样一个特点：树木葱茏，长势茂盛且比例得当。

从波内德海岸返回热那亚时，我又沿着雷万特海岸回到了佛罗伦萨，路上还造访了一座名叫奈尔维的小镇，镇子离热那亚只有几英里，四周被橄榄树、橘子树和柠檬树组成的小树林所包围。令人讶异的是，小镇里的房子都涂着油漆，有些则涂着最鲜艳的红色和黄色。那里的一条街道旁种着海枣，二十多英尺高，叶子相互交织在一起，形成舒适的荫凉。这番景象唤起了我脑海中一些似曾相识的记忆，那是我在斐济岛和新赫布里底群岛上的一些村庄里见到的。在那些安详的南太平洋小岛上，椰子树似乎永远在那诗情画意中轻轻摇晃着。

我又一次离开佛罗伦萨，前往威尼斯。途中造访了位于亚平宁山脉北麓的博洛尼亚。在城市的南部，高墙之外，有一个名为"吉阿迪·尼玛格丽塔"的公园。那里是本地居民和外国游客所青睐的散步场所。离博洛尼亚双塔不远处有一个小花园，园中种植了大量的金链树、刺槐和紫藤，同时处于开花期，因而产生了一种迷人的魅力。我发现，紫藤将那绳索般的茎伸到了树枝里，这样一来，三种花朵全都如吊坠般——形状都十分相似，颜色是金黄色、白色及淡紫色——成片成片地悬在空中（在澳大利亚就达不到这种效果，因为三种植物并不总是同期开花）；不远处生长着一簇银叶胡颓子，让这本已十分美丽的效果更进一步凸显出来。后来，在乘火车去威尼斯的路上，我在铁路两侧发现了许多胡颓子，与它们做伴的，是一棵棵白柳。

　　我们穿过平坦的乡村地带，那里的原野看起来就像一座完美的花园，到处都覆盖着猩红色的罂粟花、暗红色的和粉色的四叶草花、白色的滨菊、蓝色的矢车菊、亚麻花、紫色的鼠尾草，以及黄色的毛茛。

April 1897

　　下一站要访问的，是莱茵河畔的巴塞尔，那里最著名的景点要数雄伟的红砂岩大教堂。像在伯尔尼一样，这里的植物园林占地只有三四英亩，但收藏的植物种类却十分广泛，且样本培育得更好。在那座位置巧妙、打理妥当的公园里，有一些品种优良的刺槐——著名的洋槐，又称"假洋槐"——的变种。金叶刺槐是一种异常美丽的树，外形紧凑，开肉粉色花，总状花序。红花刺槐的花朵较大，呈悬垂状，颜色是鲜艳的玫瑰粉，在这诱人的植物背后，是一些灌木，体量都异常大，其中有头状四照花——"尼泊尔草莓树"和"珍珠梅"。帚状刺槐在习性上与钻天杨相似，在意大利的其他地区，很少见到如此优质的种类。毛洋槐尽管从叶子和花朵来看，都是一种美丽的灌木，但在瑞士和其他地区，包括澳大利亚，向来是惹人讨厌的，因为它总是将腋芽抛在数码之外，最终长成野草。还有一些相对较珍稀的树种，比如皂荚树、高加索枫杨，在私人园林中十分惹眼，每一株都长到了至少三十英尺高。我还发现，每一座村舍花园里都生长着一种可爱的灌木——悬钩子蔷薇，枝叶分散，开红花。我足够幸运，得到了一些种子。

　　游历了意大利和瑞士之后，我又去了趟阿尔萨斯人的老城——斯特拉斯堡，这座城以恢宏的大教堂和天文钟而闻名。植物园和机构都在大学附近。园林很小，但布局很精致。有许多条甬道，每片花圃都在整齐的草坪上被打理得很好，各属、各目的植物都有单独的花圃。但由于缺乏空间，许多植物无法按属目分类成组。设计者显然是想建构一张某种植物学意义上的"世界地图"，但在如此有限的空间内——占地只有几英亩——这显然是不可能的，大型树木和灌丛被限制在小型的树木园内，为了避免它们彼此扼杀，只好用修剪刀大幅修剪。

草坪中生长的草本植物多达四五百种，其中一些草本植物的长势要比我在其他欧洲园林中见到的还要好。翠雀、克什米尔柏木，以及其他鲜艳的蓝色花朵，比如来自高加索的荷包琉璃草和山羊豆等，构成了花圃中绚丽的一片，与那一簇簇的金穗花、圣伯纳德百合相映成趣。几株优质的园景树长势最佳，如厚朴和紫叶槭，每株都有二十五英尺高，矗立在小片草坪上的树丛之中。有一间暖房专门用于培育泡泡树，有五十多株，各自处于不同的生长阶段，有的还只是幼苗，有的已长成十到十二英尺的雌株，到了结果的时候。与雌株相比，雄株的叶子更细腻、叶裂更深。我对一片叶子进行了测量，发现其直径恰好为二点二英尺。带有叶柄或花梗的叶子，通常为簇头，长在无枝的茎上，完全成熟后，底部茎的周长可达三英尺，渐渐长到四或五英尺。黄中泛绿的果实（每簇四到五颗）与柠檬相似，长十到十一英寸，宽四到五英寸。这种特异的植物含有纤维蛋白，一种据说是仅存在于动物王国中的物质。众所周知，哪怕最坚韧的肉，只要挂在树上，或是用叶子包裹起来，用不了多久就会变嫩。这是南美热带地区的一种土生植物。

斯特拉斯堡的公园名为"肯塔克斯"，是个美丽但多少有些形式化的度假胜地，园中设有优雅的甬道、草坪及花圃；相比之下，城市东北侧的"橘园"要广阔得多，园中栽种了不少树木和灌木，兼具园林和公园两种用途，不过规划设计过于僵硬和死板。城市的美景全然被园中的植被所遮蔽，这些植被包括长长的几列树木，如云杉、山毛榉和橡树等，彼此间相互平行，或挺立在笔直的大道旁，将数英亩的草坪分割开来。毫无意义的甬道任意交叉着，标准的玫瑰被安排成行，不是种在花圃里，而是栽种在草地上，间距相等且很短，青草则无人修剪，任其长到玫瑰茎的高度。旱金莲被引导至绳索上，将一株株玫瑰连接起来。花圃的设计过分恪守规则，或许是为了满足形式上的要求，比如小丘的外形要硬挺，树木和灌丛必须排列笔直。在这个公园，或者说游乐场中，没有任何值得仰慕的园林艺术。这里虽名叫"橘园"，不过是因为种了几棵歪歪斜斜的橘子树而已，与巴黎杜伊勒里宫的情形相似，全都种在木桶或箱子中；即便如此，偶尔也能看到一些雄壮的树木，其中有些是绝好的园景树，比如日本白桐、木兰、大花蔷薇、山毛榉的蕨叶变种、漆树、臭椿、"中国天堂树"、北美梓树、弗吉尼亚红松等。

巴黎的公园和公共园林数量很多，占地很广，而且在很多层面上而言，都十分美丽，但常常因法国园艺令人沮丧的风格而遭受破坏，树木修剪得过于死板，千篇一律，十分单调。被视为园林典范的巴黎植物园，在某些程度上可与英国的邱园比肩，但公正地讲，英国邱园远胜巴黎植物园。

老刺槐素描，巴勒的树，瑞士，加法叶绘，1890 年

经过一番审视之后，我无法认同那位批评家对巴黎植物园做出的完全否定性的评价。那位著名且才能卓著的园艺批评家曾写道："就欧洲植物园的园艺而言，这是最愚蠢、最有害的一种，是完全意义上的迂腐，假冒科学之名，行不善之管理。我们绝不能在这里寻求植物王国的美。这里采用的体系已经剥夺了这种美。委顿不堪的树木，修剪的线条僵硬，宽阔但没有任何用处的甬道，蹩脚的培育方法，温室里过于拥挤的植物，树木拥挤不堪……总之，一座管理最差的植物园所体现出的、种种令人沮丧的特性，都能在这里找到。"在这位批评家的笔下，巴黎植物园接受着如此无情的苛责，承受着更多这样的非难。我认为，这番评价过于苛刻了，尽管这座园林算不上所谓的典范，但至少它的某些特点可以被有效利用，甚至可以应用到邱园当中。

巴黎植物园是一座封闭的园林，占地数英亩，坐落在塞纳河南岸（圣伯纳德堤岸将其与塞纳河隔绝开来），处于苏利桥与奥斯特利茨桥之间。这座植物园由路易十三于 1610 年兴建，1634 年完工，一半是动物园，一半是植物园，周围是各类博物馆，搜罗了大量动物学、矿物学及植物学藏品。1732 年，伟大的博物学家布丰被任命为这座园林的主管，他对整个园林的藏品进行了结构性的改进。居维叶、朱西厄等大人物也都曾供职于此，并带来了各自的珍品，分别贡献给比较解剖学、人类学、古生物学及相关科学博物馆。就这一点而言，英国的邱园几乎无法与其相比，况且将两者进行比较本身就不公平。要知道，巴黎植物园的博物馆、讲座、大量动物藏品等，所能获得的拨款少得可怜，每日都是免费开放。

在普鲁士人最后一次围攻巴黎时，巴黎的园林遭受到了重创，几乎被完全毁坏。所有的动物，除了狮子和老虎以及一些其他食肉动物外，几乎统统被人吃掉，不过如今已经有新的样本引入并取代了它们的位置。水族馆的厄运就更不必说了。

如果更具体些，提到位于南侧的植物区，可以说，早在1805 年，洪堡所收集的先前不知名的热带植物，种类便不少于三千，大多收录在了植物标本室。园区这一部分的布局是精细且僵硬的：笔直的甬道，矩形的花圃等。尽管这里搜罗了大量有益的植物，但从布局上来看，却从未营造出自然之美，更看不见人工园林的睿智与艺术性。事实上，整个园林的布局仿佛出自一位数学家之手，它诠释着欧几里得几何定理，而不是园林家的作品，不是为了娱人心目、营造美感。

谈过诸多缺点之后，让我试着简要陈述一些值得称赞之处。首先，园区的管理方式可以让学生轻而易举地接触到那些有教育意义的植物。这里采用的命名系统更显全面和睿智，相比之下，英国园林则不总是这样。这里收集的大量果树，都根据 1793 年全国大会确立的标准进行了准确的命名，而且树木种类繁多。有一个部门专门负责培育食用植物，规划合理，极具教育意义；另一个部门则专事具有药用、商用、实用价值的植物。植物学馆也一样，管理得当，涉猎广泛，为科学研究或学习植物学的实务知

植物园，巴黎，1845 年

识提供了绝好的条件。

尽管这些园林里没有太多美丽的树木，但有些园景树却算得上独特，有些是珍稀树种的残留，有些是植物学教授——让·罗宾于 1601 年从南美带回来的种子，三十五年后，韦斯巴芗·罗宾将这些种子种在这座植物园里。这些可敬的树木，是全欧所有刺槐的祖先。此外，还有一株黎巴嫩雪松，由朱西厄亲手种植，据说是法国境内种植的第一棵雪松。园内最近新建了一间棕榈馆，耗资不菲，历时七年方才建成，但并没有达到当初预设的目的。建筑工作被委托给一位建筑师，但他似乎没有考虑到培育植物的诸多重要因素——温度、光线、通风、湿度等，这充分说明，即便在法国——谚语中所说的"条理分明的法国"——人们最擅长的也不过是如何"做不成某事"而已。

截至目前，巴黎市内或附近最具吸引力的户外景点，要数那座广阔的装饰性园林——布洛涅公园。它坐落在巴黎西侧，处在流经西侧边界的塞纳河的河湾处。这座园林占地二千二百五十英亩，正如名字所示，大部分园区为林地所占据。这里曾经是野生动物的保留地，如今变成了公园。最初的森林大多在1814—1815 年被联军所毁，后来路易十八世下令种植新树木，查理十世也将林中的野生动物保留下来，但意大利革命之后，野生动物终于消失殆尽。之后，巴黎市政府斥资八万法郎，将这里改造成一座公园。1870 年，巴黎被围期间，林地再次遭遇毁坏，不过，大自然和时间的疗愈之手，在很大程度上修复了人类之手所造成的破坏。

乘坐安特尼尔铁路，或沿着那条通往凯旋门的大道，或是林荫大道，都可以到达布洛涅公园。这样雄伟的公园只有巴黎这样的都市才配拥有。这里不仅交通便利，更适合那些在都市的喧嚣中寻求独处或寻求森林美景的人。公园之外熙熙攘攘，噪声越发严重；公园之内，是矮林与空地带来的平静与安详。园内与园外的对比如此之强烈，甚至会让人产生一种不真实的奇异之感，为整个景观增添了一丝诡异。雄伟的巷道、荫凉曲折的小径，组成一个完整的网络体系，尽管对于陌生人而言，这迷宫般的路径一开始会让人觉得难堪，但辨识起来并不难，只需沿着宽阔和笔直的巷道走，毫不费力就能找到主入口。

布洛涅公园之于巴黎，恰如海德公园之于伦敦。夏日清晨，九点左右，这里就随着男女骑手的到来而焕发生气；下午四点到六点，国度内最华丽的马车和马匹都会在这里展出，数不清的行人，法国的社会精英，全都汇聚于此，他们交谈着，比画着，流露出巴黎人特有的轻松和愉悦，这种性情，与英国上流社会的冷静内敛形成了强烈的反差。

沿着公园由北向南走，走到一半，会发现偏东的一侧，有两个人工湖：苏比丽湖——长四分之一英里，宽三百多英尺——和因非列湖，三分之二英里长，六百英尺宽。湖中盛产鱼类，周围长满了冷杉和山毛榉形成的小树林。分布在沿岸的岩石颇具品位，与绿色的草地相映成趣。较大的湖里有两个被树林覆盖的小岛，中间由一座桥连接，两个岛上都设有宽阔的环形马车道，最终在圣伯纳德山交会。两道人造小瀑布流经林间幽谷，越过嶙峋的岩石，为湖水的上游增添了无限的风致。从上湖的下游中，分出一条瀑布，自人工洞穴中流出，落差达四十五英尺。七条甬道的交会处是圣伯纳德山，站在山顶，可一览园区的绝佳风光。

在布洛涅公园周围，是各类迷人的别墅，里面设有多家咖啡馆、餐馆以及公共舞厅。

气派宏大的布洛涅公园里，包含了野生林和游乐园，一半区域是森林，八分之一是道路，水域面积达七十英亩。园内许多区域远比伦敦的任何公园更具美感和品质感，其他区域则覆盖着浓密的林木和灌丛，其中生长着大量的樱草和各类野花。然而，大道和甬道旁的树木往往遭到市政府修剪刀的"宠幸"，间距过近，与后方的密林也离得太近，两边的树梢几乎会碰到一起。林子里生长着数千种树木，如刺槐、橡树、松树等，这些树木各自挣扎着求生，如果能够减少密度，一定会长成枝繁叶茂的大树。

那条美丽宽敞的大道——"珑骧林荫大道"一直通向著名的赛马场。位于布洛涅公园东南角，有一个尖顶的赛马场，名为"安特尼尔赛马场"。是否应该允许在这样崇高的一座园林中开设赛马场？这个问题我不准备讨论，但我有权利表达意见：它们是极为丑陋的存在，建筑品位更是令人怀疑。

巴黎最精致的园林，在我看来，应数伯特肖蒙公园，位于巴黎东北角的"美丽城"，坐落在一个小山丘上，那里曾经是采

通往凯旋门的福煦大街，俯视图，巴黎，约 1853—1870 年

大瀑布，布洛涅公园，巴黎，约 1880 年

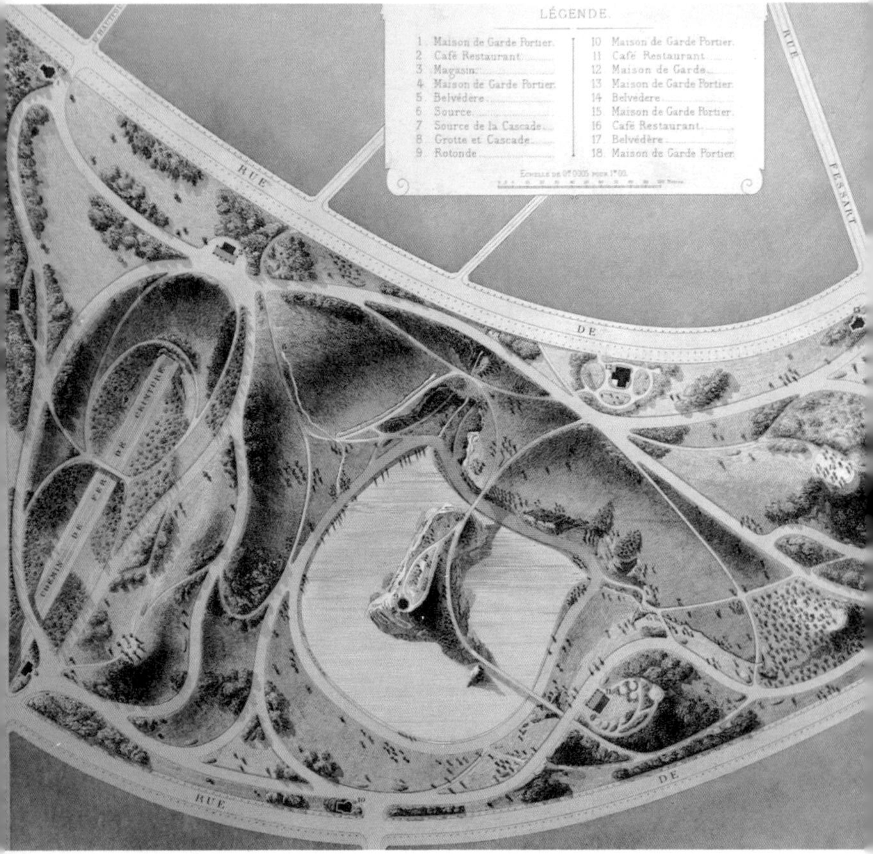
LÉGENDE.
1. Maison de Garde Portier.
2. Café Restaurant
3. Magasin.
4. Maison de Garde Portier.
5. Belvédère
6. Source.
7. Source de la Cascade
8. Grotte et Cascade
9. Rotonde
10. Maison de Garde Portier.
11. Café Restaurant
12. Maison de Garde
13. Maison de Garde Portier.
14. Belvédere
15. Maison de Garde Portier.
16. Café Restaurant
17. Belvédère
18. Maison de Garde Portier.
RUE
DE
FESSART
RUE
DE
RUE
DE
CHEMIN DE FER DE CEINTURE

伯特肖蒙公园详图，巴黎，1867 年

湖景，伯特肖蒙公园，巴黎，约 1890 年

石场。公园所在的地区还有一处历史名胜，曾经被称作蒙福孔高地，哥力尼将军就是在那里被送上了绞刑架。这座园林是奥斯曼男爵的最后一件作品——当年他受拿破仑三世所托，负责巴黎的美化工作。园区占地面积只有大约六十二英亩，设计全然不同于首都的任何园林或公园，堪称为营造美景而做出的最惊人的壮举。园林里有岩石丛生的荒野地带，有湖泊、小瀑布、钟乳洞、用材林，有长满青草的山坡，中心地带是一座高峻且多石的小山，站在山顶，可以饱览城市风光：圣德尼教堂、拉雪兹神父公墓、蒙马特公墓，等等。山顶建有一座神庙，在风格上仿照了趣伏里公园的维斯塔神庙。

湖水浸润着石崖的底部——石崖十分险要，高达一百六十英尺，附近便是上文提到的钟乳洞，洞底至洞顶约六十英尺，穿过这些洞穴，眼前便出现一道绝美的瀑布，从怪石嶙峋的岩架上飞泻下来。

园林中的石墙上爬满了常绿攀缘类植物，大多是常青藤，底部是大片灌丛，安排得颇为恰当。这些石墙为园林增添了独特的魅力。在有些地方，大多是流经园区的小溪旁，生长着各式各样的耐寒植物，但看起来又像是半热带植物，它们凑在一起，产生了较好的审美效果。长势较好的刺叶玉兰、竹子、洋二仙草、塔黄、虎杖等，都被安排在恰当的位置——这里可以算是巴黎园林之奇景，因为市政府的剪刀痕迹居然不见半点踪影，着实令人愉快。这些灌丛和矮树得以在草地上拥有各自的一片领地。

园中还有数不清的甬道，这在巴黎实属常见，但是园区最美的位置却出现了一个餐厅，在我看来，这实在令人扫兴。

伯特肖蒙公园曾于 1871 年 5 月被革命者占领，不久后汽油瓶便被扔进了城市。这些人被政府当局驱赶至贝尔维尔的下城区，不久后销声匿迹。

在城市的西北部，离凯旋门不远处，坐落着规模不大（占地仅十英亩）但十分美丽的蒙索公园，这里是整个巴黎地区最怡人的避暑胜地。1788 年，奥尔良公爵菲利普建造了这座公园，当时的面积更大，后来便成为时髦的避暑之地，以及盛大宗教庆典的举办场所。这座公园，或者说，十分可爱的园林，有其独特的引人之处：园中种植了大量亚热带植物，优良的树木绿荫浓密，为躲避毒辣阳光的行人提供了清凉的休憩之所。此外，这里还生长着许多竹子、象腿蕉、阿比西尼亚香蕉、蓖麻、虎杖、大叶铁线莲、臭椿、各类刺叶玉兰、美人蕉、天堂鸟、蒲苇、芒草、火把莲、莨苕、马蹄莲、扁柏、刺桐（又称珊瑚树），以及各类装饰性植物。在一些较为阴凉、绿荫较浓的区域，夏季的几个月里，树蕨、矮糠及灌木便会连片生长。对于坚韧的攀爬类植物，可以采用巧妙的办法，训练它们在树上自由攀缘。前提是这些树木必须独立生长，而不能像大多数情况那样，挤在灌丛中。我不得不表达一下我的遗憾之情，因为这座园林的美妙之处无疑遭到了破坏。首先是种花的体系：花朵种在小块护坡的花床中，或是种在草地和灌丛中，而在较大的树下，则采用了毯式栽植。其次

伯特肖蒙公园中的圆顶建筑图，巴黎，约 1867 年

在于，沥青盆中盛放着一小摊死水，周围环绕着仿造的科林斯柱廊。此外，还有一座不通向任何去处的桥，一座没有任何意义的仿造金字塔，以及那些俗气且毫无必要的房屋。园区被两条呈十字形交叉的宽阔道路分为四个部分。夜晚，这里被电灯映得一片通明，直到深夜。

在塞纳河南侧，与卢森堡宫相邻的，是一座同名且高贵的园林——圣哲曼在阿基坦大区的休憩之所，最初由雅克·德布洛斯修建，然而在1792年，园中的优质树木遭到砍伐，一部分土地被开垦，并种植了谷物。不过，在第一帝国时期，在波拿巴的命令下，这里得到了改善。为了讨约瑟芬欢心，这里的一部分被改造成壮观的玫瑰园，如今依然存在，吸引着大量游客。这座园林的主要特征之一在于那亮丽的喷泉——德布洛斯喷泉，喷泉脚下是一个长长的水池，两侧各有甬道，路旁种着悬铃木，顶部树梢交接一处，形成一道连续且荫凉的拱门。树木中间种植着爱尔兰常青藤，它们经过引导，在树干上形成一个个花环；在上方，弗吉尼亚爬山虎则以类似的方式，沿着大道两侧，构成一道道近乎笔直的"花柱"。

压枝玫瑰在开花的灌丛、丁香、忍冬中间，形成一道美丽的边界，各色花朵交相辉映，产生一种俏丽的美感。卢森堡果园虽然不大，却令人仰慕。对于来参观的园艺家而言，那些玻璃房屋极具吸引力，屋内陈列着巴黎最好的兰花，以及长势旺盛、无比光艳的山茶花。这里的夹竹桃都是盆栽，冬季会移到光照不太强的屋子里，极受观者青睐。

园中的一个区域并没有受到卢森堡果园的影响，免除了那种过于死板的几何风格，而采用了外形更为自由和自然的英国园艺风格。广阔的草坪上生长着一簇簇枝叶茂密的植物，如刺叶玉兰、美人蕉等。在这里，可以看到草坪和森林构成的美景，以及远处万神殿的穹顶。巴黎东南方的屏障之外，在塞纳河与马恩河的交汇处，是宛赛纳森林，一座比布洛涅森林公园还要广阔的园林，占地面积二千二百五十英亩，比前者更开放、更广阔，但有些地方树木种植得过于稠密，因而长势不足。相较于老式的法国园林——修剪整齐的树木，生硬死板的线条——这已经是了不起的进步。圣莫迪河蜿蜒曲折地穿过园区，补给着两潭美丽的人工湖。较大的湖叫作迷你姆湖，又称大湖，面积为二十英亩，湖中有三个小岛。隔湖相望，所见尽是极美的风景，几乎囊括了风景画的所有必需元素：树林、湖水、蔓延的草坪，以及乱石丛生的小岛。较小的湖叫作圣莫迪湖，坐落在一片树林的中央，无比娇媚和浪漫，湖心小岛覆盖着一大片钻天杨和其他种类的杨树，四周是垂入湖水的垂柳。站在园中的制高点，可以望见周围山区的壮丽风光，以及整个巴黎的景色。如果站在远处的时尚区向这边眺望，这座园林仿佛被森林牢牢地包裹起来，免于上流社会的侵扰。宛赛纳森林公园为中产阶层提供了一个极富魅力、饱受青睐的娱乐场所，让他们可以在周围的自然风光中尽情陶醉。

宛赛纳森林公园曾经是皇家府邸的一部分，建成于12世纪，后来又被用作防御工事、国家监狱以及驻防区，主要是炮兵部队的驻地。1857 年，这里从国家森林改建为公园，尽管也用于阅兵或当做军事训练场地。

May 1897

在巴黎城外的西侧，坐落着凡尔赛宫和气派的园林。之所以说气派，是指它的面积之广、装饰之繁华。这里有著名的喷泉、雕塑、花瓶，以及为其增光添彩的各类艺术品。但作为园林而言，我是说风景园林，它还远远达不到令人仰慕的地步。说实话，它绝不是这一类园林。这里的园林最初是在路易十三的命令下，由布瓦索设计而成，后来雷诺特奉路易十四的命令，将它们改建成现在的样子。一开始，园林的小树林中间铺设了一条宽敞的大道，将整个园区分为两部分，右侧有八片小树林，左侧有六片小树林，还有三片装饰性的花圃，后方是钻天杨和马栗组成的树林，边缘种着高大的黄杨、紫杉，以及修建成圆锥等形状的其他树木。凡尔赛园林被称作几何形园林中的女王，这个称谓的确名不虚传。园林风格与高大厚重、线条僵硬的宫殿建筑保持着一致，看起来十分造作、死板。

圣克劳德园林位于巴黎城外，从塞纳河向西延展，周长十二英里。位于河边的园林入口旁，有很大一片马栗树，与河道保持平行。右侧是栗树和柠檬树种植园，内有一条壮观的小瀑布，外围是几行高俊的榆木。整个园林可谓富饶而多样，森林、河水、青翠的草地，以及风景如画的山坡，站在高处可远眺巴黎风光。

枫丹白露宫和枫丹白露林距巴黎四十英里，位于里昂铁路沿线。这是法国境内最大且最美的一片森林，方圆五十英里，至少大部分依然处于原始的自然状态。尽管这片森林以古老的橡树闻名，但与英格兰的老橡树相比，这里的橡树未免有些发育不良。

巴黎协和广场正对面，是杜叶里宫园林的主入口。这座园林曾经是杜叶里宫富丽堂皇的附属品，如今却为巴黎的广大民众提供着欢乐，从日出到日落，全天开放。这里挤满了散步的人。无数法国的妇女——大多为中产阶级妇女，终日坐在一排排的酸橙树、栗树、悬铃木的荫凉下，带着孩子，或从事着手头的工作，或读着书。

园林的一切都带有那种奇特而古老的风格：庄重、精致。此处无意贬低，但这些著名的园林固然美丽，却只能算是堆积了法国园林艺术中最劣等的一些特征而已，真可谓乏善可陈。经过修剪的树木了无生气，而且过于拥挤，石子路太过宽阔，水塘周围立着巨大的石块和大理石雕像，一排排橘子树生长——更直白地说是——生存在花盆里，以便冬季时搬入室内。这些树木委实陷入了可怜的困境。这种困境不仅由之前说到的过度拥挤造成，更是由园林采用的恶性栽种体系所导致：将幼小的树苗种在老树的阴影下。

不过，园中那个曾经被叫作"私人园林"的区域，布局却十分得当。灌木得以在青草和常春藤之间自然生长，旁边是矮丁香、忍冬、玫瑰及草本植物，避免了花圃设计造成的僵化与死板，更摆脱了直角、圆规等几何风格。

位于卢浮宫和杜叶里宫之间的，是卡尔赛广场。在这片广阔的空间里，有两座小巧、朴素且低调的园林，园中有几片环形的草坪，青草打理得很好，外围是甬道、几圈树木、灌丛、丁香、常绿植物和各种花卉，最外围是一圈常青藤。这就是园内的全部景致，除此之外，再无其他。不过，在这建筑艺术中，居然能体会到一丝安宁的自然气息，这是多么令人振奋啊！

爱丽舍宫园林位于香榭丽舍大街上，与法国私人园林类似，这座园林全然看不到几何形的设计，尽管规模不大，但园中那片开阔的绿草地却令人欣喜，花圃的位置选得十分明智，布置得也十分合理，树木将周围讨厌的景象隔绝在外，常青藤则掩盖了光秃秃的墙壁，远远望去，仿佛是一帘清水。于是，在大街小巷、房屋高墙之间，出现了一幅无比惬意的园林风景。

特罗卡迪罗园林是特罗卡迪罗宫殿的一部分，位于巴黎市西南方，自1878年起，园内便种植了树木，如今已经成为夏日消暑的好去处。此外，园中还有一个规模很大的地下水族馆。

我参观了巴黎的许多公共园林，比如，巴黎皇宫的园林、玛尔斯广场园林、巴黎市园林，观赏过宫殿附近的紫荆，等等，但没有发现值得特别提及之处。

除了拥有大量美丽的公园和园林之外，巴黎基本上只是一个在街道旁种树的城市，但出于以下即将给出的原因，在这座充满乐趣的城市中，街道树艺远远达不到令人满意的成功水准。不过，有些努力的确值得赞扬。巴黎曾经十分狭窄和肮脏，经过几番努力，渐渐变得健康而怡人，这些努力主要包括：将狭窄的街道扩建成宽阔且气派的大道，朝着各个方向延伸，道路两旁种植着树木。尽管从初衷来看，拓宽街道的举措，是出于战略考量及更谨慎的考虑，但法国的确要感谢已故的路易·拿破仑皇帝，尽管种树并不是他的首创，但的确改善了城市环境。第一个在巴黎街道和广场种树的人，是弗朗索瓦·米龙，亨利四世统治期间（约公元1600年）的公共事务官。一开始，他种植的树木绵延达六千英尺，三分之二的花费是他自行筹措的。他种下的最后一棵树是一株大榆树，据说是欧洲最美的一棵榆树。后来，这棵榆树出现在圣雅克路聋哑人收容所的院子里。

巴黎的行道树经过谨慎的挑选，主要种类包括马栗、泡桐、洋地黄、梓树、榆树、酸橙树、东方悬铃木，偶尔也有羽状树叶、富有热带风情的臭椿。金莲花、刺槐、山楂树、怪柳，以及在这个季节里无比美丽的丁香等，则主要栽种于某些广场上。对于造访巴黎的陌生人而言，首先令他吃惊的，一定是树木之多，长势之茂盛。这些树木不仅让空气变得清新，更在各个方向上构造出美景。不过，对于一位观察者而言，特别是喜爱树艺的人，这里的行道树是令人无比喜爱的。首先，有趣的是，巴黎的大街小巷旁，见不到轮廓优美的大树，就连中等大小的树也十分罕见，有人告诉我，这并非因为巴黎种不了好树，因为庭院和小花园里到处可见优良树种，它们得以自由生长，市政府无权干预。问题的实质在于，那些负责栽种行道树的人，根本不懂得如何培育这些坚韧的树种，最终让它们像士兵一样，彼此挨得很近。即

里沃利街和杜乐丽花园，巴黎，约 1900 年

杜乐丽花园，巴黎，1900 年

便在最好的情况下——种在育苗园里，这些树木长得也不够好。欧洲大陆的市政机构似乎无一例外，都具有这种令人恼火的怪癖（在很多情况下，其他地区的市政机构也不例外），将管控某些事务的权力，交给那些不具备专业知识和艺术品位的人，那些既没得到过专业训练，又对所从事的事务一无所知的人。有些人一定会说，这种现象在巴黎尤为严重。树木被修剪得千篇一律不说，还要挤在狭小的空间里，成年树种几乎连呼吸的余地都没有，上下两个方向都缺乏生存空间，几乎要窒息而死。

这里不仅关乎巴黎的街道绿化问题，也涉及更广泛的、希尔文大街这个话题。我只好引用F.G.西斯（F.G.Heath）在《我们的林地树木》一书中写到的绝妙而深刻的几句话："为什么人们就是意识不到，他们在贫民救济税上花费的大量金钱，原本可以节省下来，只需要在城镇里多种些树木即可办到。树木是一位卫生代理人，比卫生部门的官员更高效、更执着。它们能吸收二氧化碳等有害化合物，将其分解成碳和氧两种健康且单纯的元素，通过吸收碳元素，它们给人类的生活、生命力、美做出贡献，并把纯粹的氧——我们不可缺少的空气——还给人们，为身体带来健康，为心灵带来愉悦。树木能将有害的气体，转变成对人类有双重益处的氧气，这个功能是多么伟大啊！我们能从其中获益的，不仅仅是树木还给我们的，还有我们能为树木的生长提供什么帮助。吸收碳元素，让树木最美、最实用、最持久的特性变得更加完美——为它们优雅的枝叶、累累的果实、坚实的木材，增

特罗卡迪罗广场，巴黎，约1890—1900年
编者按：加法叶的全部注意力都集中在园林
上，因而连埃菲尔铁塔都没有提及。埃菲尔
铁塔是为了1889年巴黎世界博览会而建造。
从特罗卡迪罗广场可以直接看到埃菲尔铁塔。

添了魅力。树木为人类提供健康的食物，在人类生病时提供药物，在炎炎夏日提供消暑的荫凉，在凛冽的冬日提供避风之所，这高贵的树干、延展的树枝、优雅的细枝、一簇簇的叶子，映入我们的眼睛，并将一种无法表达的喜悦感传达给心灵。"

June 1897

　　离开巴黎后，我继续行进，前往九十二英里之外的亚眠，并在那里发现一座小型植物园，但这座植物园并没有特别引人之处。在这座城市的城墙遗址上，建起了一条宽敞的林荫大道，两侧种着优美的树木。这条大道长约三英里，是最受民众青睐的休闲胜地。绕过这条大道，在它的北方，索姆运河划出一道优美的曲线，而索姆河则兀自在西北方静静流淌，随后又分为十一条运河，运河上横跨着无数石桥。

　　自亚眠开始，我改变了行程方向，来到了里尔，在那里的大道旁，见到了几行俊美的树木，随后又前往布鲁塞尔。

　　种植行道树已经成为都市景观的一大特色，绝非巴黎独有。欧洲大陆的其他区域也采取了同样的措施，不仅可以愉悦感官，从卫生的角度来看，更是非常有益的，不论从哪个方面来讲，都值得赞扬。这种做法已经成为一种流行的惯例。虽然在欧洲一些更古老的城市里，街道过于狭窄，很难栽种树木，但仍然有人在朝这个方向付出积极而值得肯定的努力。在这个方面，最突出的要数布鲁塞尔。在这座城市里，除了一些与杜叶里宫类似的大道、宫殿自带的园林之外，还有一条宽阔的大道——或许称得上是世界上最壮观的大道，长五英里，贯穿全城，两侧种植着挺拔的树木。对于比利时的首都而言，这条大道的意义，好比皇家驿道之于伦敦，或布洛涅公园的马道、车道之于巴黎，只不过，截至目前，它比后面两者都要宽广。在很长一段距离之内，这条大道的宽度都保持在三百三十英尺，比巴拉瑞特的斯图尔特街还宽

2 链（链，英制长度单位，1 链约等于 20.117 米），大道两侧是与之平行的榆树，共有十列之多，优美地排列着。大道中央有四行榆树，榆树中间是人行道，宽 2 链，人行道一侧是双车道，供马车或其他交通工具行驶；另一侧是单行道，供骑马者通行。树木间距为二十五英尺，每棵树木高度为四十到五十英尺，浓浓的树荫令人愉悦。顺着这条大道，可以看到这样一幅景象：三条壮观的街道平行地延伸出去，通向远方。

有条宽阔的运河从布鲁塞尔通向马利纳，运河的一侧也有一条壮观的散步大道，路边种了三排酸橙树。1746 年围城期间，在布鲁塞尔众多女士的恳求下，萨克斯元帅才放过了这些酸橙树。

这里的植物园虽然不大，却收罗了不少珍稀且实用的植物，特别是在那个巨大的温室中，培育着许多棕榈、天南星、蕨类植物等，还十分气派地陈列着长势良好的兰花。在诸多热带水生植物中，一株罕见品种的大睡莲占据了宽敞的水箱，成年的莲叶硕大无比，直径为八英尺。这种高贵植物的普通品种一般不会生出直径超过七英尺的叶子。室外，一大片林林总总的落叶树似乎得到了很好的照顾，远比那些常青植物长得好。在这些落叶树当中，令人赏心悦目的有，一株名为"坎普菲尔"的金叶梓树、一株暗紫色叶子的扁桃。药用植物妥善地陈列在一系列小型苗圃上，包括那些可以榨取染料和纤维的植物，以及可以加工成食物的植物等。一片喜湿草本植物覆盖着水塘的边缘，其中生长着一

堤岸，泰晤士河，伦敦，1876 年

棵硕大的蜂斗菜，巨大的叶子直径达到三英尺，很有热带植物的风貌，令人印象深刻。

对于访客而言，这座园林采用的标签体系最具教育意义，值得推广。所有的树木，以及重要的大型灌木上，都带有悬挂标签，这些标签就像一张张彩色的世界地图，用线条或记号标识出植物的地理分布、植物学名称、俗称、所属纲目及用途。

在欧洲大陆旅行的整个过程中，令我忍不住惊叹的是，这里的园林和公园竟然丝毫不受"采花贼"的困扰，很遗憾地说，这与墨尔本的植物园和花园的状况，形成了鲜明对比。在欧洲，几乎没有人会想着采摘园林中的花朵，就连孩子也不例外。他们的父母早就严格地教育过他们，花朵必须保持在神圣的状态，只能看，不能碰。我坚信，就连垂在墙外和篱笆外的那些花朵，路人也不会生出采摘的念头。事实上，许多游乐园与街道是相通的，根本没有篱笆阻隔，但那些花朵却安全异常，就像被锁在温室当中一般。

我从布鲁塞尔回到亚眠，又前往加莱，渡海来到英格兰。英法两国首都的差异，特别是在气候、明媚程度、街道宽度，以及树木种植等方面的差异，是非常明显的。

正如民间谚语所说，英国人生来行动迟缓，尽管早在多年前，巴黎就已经在行道树种植方面做出了表率，可伦敦人似乎最近才清醒过来，认识到行道树种植为城市美化、公众的健康和福祉带来的好处。毋庸置疑的是，英国的街道树艺取得了一些进展，但任何一个在伦敦闲逛的明眼人都会发现，这里依然时常出现疏忽，这不得不令人怀疑——负责街道管理的政府官员，是否具有这方面的知识。在很多地方，树木处于过度拥挤的状态，种植的时候丝毫没有行使他们的判断力。枝叶舒展的大型树木被种在了狭窄的人行道旁、窄小的街道上，大有遮蔽光线和空气、使之无法进入民房的态势。在宽阔的街道旁栽种大型树木，这种做法无疑是可取的，但即便如此，也需要筛选合适的树种。毫无疑问，对于成长中的树木而言，烟尘及泄漏的煤气味道，无疑是天生的仇敌。种植常青植物——圣保罗大教堂就是一例——只能让它们遭受摧残，陷入比死还不如的困境。众所周知，这些植物在乡村的清新空气中才会健康成长。通过适当的筛选，用落叶树代替常青树，效果或许会好很多。街道栽植最常用的树木有：山毛榉、白蜡树、榆树、酸橙树、马栗、橡树和悬铃木，特别是最后一种，在城市树木当中，占据独特的位置。这种树在英国其他地区也能自由生长，其美观程度也是大众所认可的。在伦敦的众多街道当中，悬铃木种植的最佳典范，或许要数六十年前栽种的那棵——在书籍出版业公会会馆的院子里，另一棵位于齐普赛街与伍德大街的街角交会处。

泰晤士河沿岸栽种着长长的一列悬铃木，长势良好，十分健康。幼年时期修剪得十分得当，因而等到树根和树干长壮起来，即便有风吹过，树梢也不会掉落，更不会伤及行人。不过，既然奠定了良好的基础，遭遇风吹或其他灾害时，就不必过于频繁地修剪，而应该保持其自然形态。如此一来，只要政府当局控制树木的间距及枝叶的密度，终有一天，河畔这条大街会比巴黎的任何一条大街都壮观。巴黎的树木陷入了过度拥挤的恶性循环，在长期内无法收到良好的效果，在改善气候方面的功效也大打折扣。行道树栽种这一体系，在与市政部门的无理偏见、固执的保守主义斗争多年之后，终于在伦敦扎下了根基，这一点实在令人欣慰。不仅如此，这一体系也广泛地传遍了英国全境，不论是在环境封闭、人口稠密的制造业城市、商业城市，还是在空间更为开放的乡村，都能感受到森林为健康事业做出的贡献。

July 1897

来到伦敦后不久，我自然要去参观著名的邱园——全世界的植物学中心。

英国皇家植物园——邱园，远离城市的烟尘与喧嚣，坐落在泰晤士河右岸，位于莫特莱克与里士满之间，距海德公园角六英里路程。这里的植物（生长植物及风干植物）收藏量居世界之首，这些植物采自各个气候带，为植物学研究及园艺学研究提供了极大便利，同类机构当中，没有任何一所能够掩盖它的光芒，或是望其项背，仅每年的维护费就高达二万五千英镑。我占据了有利条件，参观这些植物园时，各方面条件都很适宜。我不得不放弃地域性的偏见，承认这些园林是现存的、最好的科学园林，但我也不得不说，这里没有特别醒目的风景特征或自然特征，整体布局也算不上高端园林艺术。事实上，这些园林的功用也不在于此，用"世界植物学地图"来描述它或许更为恰当。

植物园主体区域为七十五英亩，公众可以进入的树木园占地面积为二百五十余英亩。

1840年，邱园交给威廉·胡克爵士管理，并向公众开放。当时的园林只有十一英亩，后来逐渐增加到七十五英亩。1847年，如今名为"游乐园"的二百五十余英亩土地被囊括进来，形成了一座树木园，或者说，对树木进行了分类收藏。1865年，威廉·胡克爵士的管理职位由他的儿子——约瑟夫·胡克爵士继承，二十年后，约瑟夫辞职，迎来了目前的管理者——W.T. 西塞尔顿·戴尔先生。此处需指出，自从威廉·胡

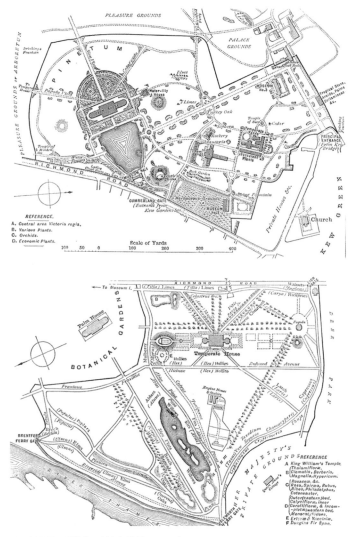

邱园平面图，爱德华·沃尔福德绘，1888 年

克爵士担任邱园的管理者以来，其主要目的之一在于，让这座园林尽可能地为殖民地服务，园长和副园长把大量时间、精力都花在了与殖民地之间（关于植物学问题）的通信上，以及与那些对植物学感兴趣的殖民地访客交谈上。考虑到这一点，我必须指出，墨尔本植物园的经济植物博物馆曾极大地受惠于约瑟夫·胡克爵士的善举，正是他为本馆增添了大量分类植物藏品，如今的学生依然从中受益匪浅。

当然，若想对这些园林中所有引人且有趣的事物进行详细描述，所需篇幅之长，几乎难以实现，就连详尽的报告也难以尽述。尽管如此，一些对植物学整体而言，具有重要意义和影响的特点，绝不能用几句评论一笔带过。此处是指各种各样的温室，以及经济植物博物馆。据我猜测，威廉·胡克爵士在任期间，博物馆和标本馆就开始按照现在的布局进行建设和组织，随后又建了棕榈馆和几座大型博物馆，前者耗资三万英镑。约瑟夫·胡克爵士在任期间，新建了标本馆、画廊、实验室、温度不等的"T"形长排房、一座假山，并且扩建了两座博物馆。乔治三世时代遗留下来的建筑只有几栋：邱园塔、柑橘房（目前用作大型树木样本馆）、老棕榈房（用于展出树蕨和天南星），以及各类神殿和残留的拱门等。这些建筑的风格比较符合我们祖先的品位。

对于植物学专业的学生而言，这些建筑中最重要的或许是博物馆，邱园中积累着大量的材料，并且进行了分类，即便要获得最浅表的知识，也需要无数次的造访才行。仅博物馆就有三座，这还不算玛丽安娜·诺斯女士的画廊——1881年由她自费建造，画廊中陈列的画作，是她造访澳大利亚及世界各地期间亲手绘制，需要长久地审视才行。我们获悉，"这些博物馆的使命"在于"展示植物科学的实际应用，让我们意识到植物世界与人类之间的关系。我们从中了解到，植物王国为数不清的产品提供了无数资源——不论是食材、建材，还是在艺术和医学上的应用——方便我们使用，为我们提供便利"。

　　一号博物馆收集的植物，比如双叶门和裸子门植物，都附有相关说明。陈列方式凸显出实用性，展品进行了系统的排列、编号，以及贴签。这是一栋朴素的三层砖石建筑，1857年面向公众开放。馆内摆放着许多玻璃箱，每个箱子里都装着加工或未加工过的植物王国产品，包括食品、药品、制造品及建筑用的木料。这些都是全世界最优质的藏品，诠释着植物王国在满足文明人或野蛮人类需求上的巨大价值。博物馆里还陈列着千岁兰在各个成长阶段的样本。千岁兰是由威尔维斯加博士1859年在非洲西南部发现的，发现地恰好位于赤道和好望角的中间地带。约瑟夫·胡克爵士在园林的官方手册中这样描述道："植株低矮，木质主干，高不过几英尺，直径多为几英寸，对叶，从主干抽出，撕扯后呈丝状，终生不落叶，据估计，可以存活百年。从植物学角度来讲，与松木和杉木具有亲缘关系，特异之处在于，植物器官结构类型最为简单，但在形式结构上，花朵要比其他地区的同类植物更复杂。"

此外，还有一种特异的植物产品——阿诺尔特大花草，据说这种植物无法培育，因此皇家园艺学会制作了一座蜡质模型。阿诺尔特大花草是现存已知的、最大的花卉，没有干、茎或叶子，自然状态下重达十二至十五磅，至少能承住十二品脱的水。1818年，斯坦福·莱佛士爵士第一次从明古连前往苏门答腊腹地，途中，阿诺德博士发现了这种植物。他这样描述道："不过，我非常欣喜地告诉你，我在这里碰巧发现了植物世界中最伟大的天才。当时我离开了一众人等，一名马来仆人跑到我的身边，眼中充满着好奇，说道'先生，请跟我来，这边！很大、很漂亮的一朵花，好神奇'！我立刻跟在他的身后，在丛林里走了大约一百码，他指了指灯芯草下方、几乎贴在地面上的一朵花，确实令人讶异……整朵花看起来十分厚重，花瓣、蜜腺等，有些部位的厚度只有四分之一英寸，有些却有四分之三英寸。质地多汁。我最初看到它时，一群苍蝇正在蜜腺口的上方飞舞，显然想在上面产卵。气味类似变质的牛肉……最令人惊异的是花朵的尺寸，直径足有一码，花瓣从底部到尖部有十二英寸。蜜腺部位可以承住十二品脱水，我们称过，这株天才植物的重量为十五磅。"

在一号博物馆里，还有一只玻璃箱子，里面装着一株奇特的香脂类沼泽植物（卧芹）——来自福克兰群岛（现称马尔维纳斯群岛），体态像是一个巨大、坚硬、半球形的小丘，通常二到四英尺高，乍一看去，与新西兰山区的"羊草类植物"有几分相似——之所以有这样的名字，是因为羊草往往成簇、成片生长，

棕榈馆，邱园，英格兰

邱园维多利亚风格的大门，里士满，在维多
利亚女王 70 岁生日时开放，1889 年 5 月。

即便在近处看，也与羊群有几分相似。博物馆中陈列的植物还有薛菊，与前者一样，薛菊是由微小花朵组成的一大簇聚合物，属菊科，而卧芹则属于伞形科植物。

二号博物馆所在的位置曾是馆长的宅邸和水果储藏库。这里陈列着棕榈、青草、百合、蘑菇及海藻类植物。

三号博物馆曾被叫作橘园，正如前文所述，1862年被改建成接待游客的场所，并用于展出大量殖民地木材：欧洲、英国、印度、纳塔尔、好望角、英属圭亚那、千里达、加拿大、昆士兰、新南威尔士、维多利亚、塔斯马尼亚以及新西兰等地的树木。这三座博物馆分别位于不同的园区。

August 1897

通过皇家植物园的大门，进入邱园，经过老树木园——园中仍然残留着几株悬铃木、松树及黄杉（树木园中竖起一根159英尺的圆材，作为旗杆）——来自澳大利亚的游客会看到一株非常古老又十分熟悉，状似新西兰亚麻的植物，这是毛利人制作衣服、索具、钓丝、渔网、篮子及各类古怪物件的材料。此外，还有来自中国北方的扇叶棕榈，包含纤维的土干也被中国人用于类似的目的。甬道右侧坐落着一号热带植物馆，馆内陈列着大量的天南星、梅花草、热带树蕨、胡椒树及竹芋——姜与竹芋类植物。主要生长在热带沼泽和湿润丛林地带的天南星类植物有：种类繁多的花烛，或明艳或亮泽的颜色形成鲜明的对比；枝叶茂盛的喜林芋、奇特的龟背竹、叶子斑驳的花叶万年青（又称哑藤），以及知名的野芋（又称芋头）——在太平洋岛屿上被视作食物，因而得到珍视。邱园里有一株巨型海芋（天南星属）去年开了花，本是西苏门答腊土生的巨型草本植物，相比之下，令其他同属植物黯然失色。肉穗花序轴高达五英尺，佛焰苞直径三英尺，全裂叶片的周长为四十五英尺。在甬道上方架起一道拱门的树蕨类植物，洋溢着西印度群岛和热带美洲的风情，其中包括诺福克岛的杪椤、太平洋岛屿的莲座蕨、中美安第斯山西麓的巴拿马草——其中两个物种的叶子呈扇形，是制作著名的巴拿马帽的材料，在整个美洲、墨西哥，以及澳大利亚的热带地区，都有人戴这种帽子，质量好的价钱很高，因此普通人很少戴。这种帽子的奇特之处在于，每顶帽子都只由一片叶子制成，十分柔软、轻巧。在众多胡椒当中，最引人的莫过于斐济岛的卡瓦胡椒，斐济人喝的那种爽口的国民饮料就是用这种胡椒制作而成，它的根常被青年男女放在口中咀嚼，将嚼碎的植物果肉与汁水倒进碗里，泼些水，然后放在塔帕布（用构树的树皮制成）中绞，绞出的液体供酋长和部落成员尽情享用。

离开热带植物馆，经过我们刚刚提到过的三号博物馆时，会看到一条甬道，两侧种着成片的杜鹃花和一些挺拔的喜马拉雅松，这时，一株高大的苦栎会引起你的注意。右侧有一条弯曲的甬道，勾勒出几片半圆形的广阔区域——分别位于棕榈馆的北方、西方和南方。棕榈馆的边上有一条装饰性的瀑布。这片区域里生长着越来越多的耐寒树种，如枫树、松树、榆树、悬铃木、橡树，以及数不清的或普通或珍稀的灌木。从棕榈馆的位置分出许多笔直的甬道，通往各个方向，将这里分割为许多片边界分明的草坪，上面种植着各种树木，有些松树是绝佳的品种：加州松树、美国黄松、俄勒冈大果冷杉、海岸松、南欧黑松、喜马拉雅长叶云杉、奥地利松、澳大利亚黑松、杰弗瑞松，以及有时能长到三百英尺的内华达山糖松，等等。棕榈馆建在一片凸出的高台上，周围的区域被划分成许多块苗圃，夏季被各类鲜艳的花朵所占据。在西侧，紫杉低矮的边缘形成一道屏障，将草坪与一些苗圃分隔开来，苗圃里种着耐寒的常青灌木，如杜鹃、山月桂、欧石南、白珠树等。一条笔直而修长的甬道两侧，是几片半月形的杜鹃苗圃，其中的几株天香百合，让这片美景更增风致。这些百合在盛放时至少有七英尺高，花部的尺寸为七到八英寸。一棵来自黎凡特的桃花心木尤为壮观，为这些苗圃提供了绝佳的背景，将百合花衬托得无比鲜明。

棕榈馆长三百六十二英尺，宽一百英尺，高六十六英尺，两翼分别宽五十英尺，高三十英尺，堪称世界之最。这间巨大暖房的中央区域围着一条环形长廊，离地三十英尺，地面与长廊之间，由一条螺旋状楼梯连接，访客可以从上面看到各类热带植物的茂密枝叶——它们将下方的屋顶和甬道遮盖得严严实实。玻璃（约四万五千平方尺）微微染绿，可以防止阳光直射而造成灼伤。馆内还有热水管道系统，长约一万九千五百英尺，管道直径为四英寸。该馆最初目的主要用于陈列棕榈树，因而收集了大量的棕榈树种，多达数百种，其中也栽种着热带植物，有的平地拔起，有的在下方挣扎求生，此番情景不得不令观者动容。在诸多暖房中，我第一次见到了处于"青壮期"的双椰子树。1743年，双椰子树在塞舌尔群岛被发现，在此之前，有人发现它的果实漂浮在大海上，曾一度引起许多植物学家的迷惑，还因此流传出许多荒诞不经的故事。据A.史密斯先生所说，这种树的树干近乎圆柱形，直径很少超过一英尺，顶部生有扇形大叶，有些叶子长达二十英尺，宽十二英尺。

已故的切尔西植物园的T.摩尔先生告诉过我们，这种树需要很长时间才能长到成熟阶段。他曾写道："等到吐出花蕾，最快也要三十年，完全长成则需要一百年。十五岁至二十岁是最美丽的时期，叶子面积比后期都要大。树干较挺直，如铁柱一般，雄性树一般能长到一百英尺，雌性稍矮。三十岁左右，该树花朵盛开，雄性树形成巨大的柔荑花序，长约三英尺，直径三英尺，而雌树花朵则长在粗壮但弯曲的花梗上，四五棵，最多十一棵叶子悬挂在花梗上。从开花到果实成熟，大概需要十年，果实长到最大，大概需要四年，但果肉已经变软，充满了半透明的胶状物……"棕榈馆北侧的一片草坪上，有一个 T 形房屋，该房屋的中心区域放置着一个水箱，里面种着亚马孙王莲，两个侧翼，一个种植着经济植物，另一个种植着温带和热带兰花[①]，后翼为热带暖房，包括许多隔间，里面种植着秋海棠、苦苣苔、南非欧石南，以及松叶菊。多肉植物馆长二百英尺，宽三十英尺，主要用于陈列温热或干旱地区的植物——这些地区的气候要么过于湿润，要么截然相反，极端干旱和严苛。这座馆内的植物，与温带和热带蕨类植物馆相似，类属较近的植物被排列在一起，其中比较重要的植物有：仙人掌、多肉的大戟、凤梨、假丝兰、龙血树、酒瓶兰、丝兰、芦荟、龙舌兰、青锁龙、长生草、拟石莲、绒仙人球、神仙掌、仙人山等。仙人山属当中，最杰出者无疑要数巨柱仙人掌，一种墨西哥以及南加州高地的土生植物。约瑟夫·胡克爵士曾表示，它是该属当中最高、地理位置最北的一个

---

① 作者注：邱园温室内种植的兰花不少于一千四百种，其中最绚烂的兰花，每种的数量大概有八到十棵。约瑟夫·胡克爵士的最近统计数据表明，不考虑变种或杂种，目前已知树木种类高达五千之多。

物种。墨西哥人称它为"苏瓦罗"或"萨古尔"，果肉可以食用。
A. 史密斯先生这样描述它："它是墨西哥炎热、干燥、近乎沙漠
地带的土生植物，分布范围从位于北纬 30 度的索诺拉州，延伸
至北纬 35 度的威廉姆斯河，生长在多石的山谷中及山坡上，常
常从坚硬岩石的裂隙中伸展出来，为该地区的景观增添了一抹奇
异的色彩。它有很高的干、笔直的枝，看起来像是一根根电讯
杆，矗立在多石的大山上，从一点到另一点，相互间仿佛传递着
信号。尚未成年时，这种植物的干是球形，渐渐长成球棒形，最
终长成近乎圆柱体的形态，高度为五十至六十英尺不等，中部的
直径约为两英尺，上下部分逐渐变细，直径约为一英尺。"

　　前文提到的树木园，或者说游乐园，位于邱园西侧和南侧，
坐落在一条河旁，大大小小的道路从园中穿过，道路旁每隔一段
距离就种着耐寒树木和灌木，种类多达数百种，多数树木均根据
其天然关系进行了分类，有的种在同一组内，有的种在同一片苗
圃上，有的则零星分布在草地上。

September 1897

邱园里的树木园和园林堪称世界植物学中心，但除此之外，伦敦及其周边地区的其他公园和园林也不在少数。这些园林和公园虽不像邱园一样，以其显著的科学精神自居，但至少也具有一定的教育意义，可以为成百上千的游客提供有益于身心的娱乐，从公共卫生事业的角度来看，也具有宝贵的价值。园中的花草、树木不但风姿绰约，还可以教人以知识；不但提供荫凉和休憩之所，还可以净化空气。它们在这些游乐场所里尽情地生长，正如人们恰当地描述的那样，充当着"城市之肺"的角色。

在英格兰的诸多科学园林中，切尔西草药园是万万不可错过的。这是一座小型的封闭型园林，占地约四英亩，但其中收集了大量的药用植物，各类植物都按自然属种排列。

皇家园艺学会的园林位于肯辛顿，占地二十三英亩，整体外观为长方形，周围是一圈长廊和拱廊，布局设计总体上偏向意大利风格，园中设置了许多甬道，以及喷泉、水池、雕像、梯台、小亭等装饰设施，装饰风格与园林风格和建筑特色十分搭配。这座园林之所以存在，在很大程度上归功于已故的阿尔伯特亲王，归功于他广泛的影响力，以及他为建造园林做出的努力。建造这座园林的初衷在于，像奇西克园林（位于奇西克庄园与特楠园之间）一样，对堪称典范的园林艺术进行展示。当然，奇西克园林也承担着苗圃和果园的功能，不仅培育种子和珍稀植物（学会培育从世界各地采集来的植物），更在园林艺术中自成一派，同时负责将培育的植物分配到学会下属的各会员单位。这里最有趣的特色要数那片广阔的葡萄园——伦敦附近最大的葡萄栽培设施，长一百八十英尺，宽二十八英尺，曲线形斜屋顶，高度与整座设施相称。

在伦敦的各类户外场所中，没有哪个地方能像海德公园一样享誉世界。在这个季节来英国都市游览的人，切不可错过这当世无匹的美景，因为这里是英格兰的美、风尚、财富，以及奢华的汇集地，全欧洲的社会名流全都汇聚于此。对于喜爱马这种高贵动物的人而言，海德公园具有独特的吸引力，因为这里可以见到用金钱所能买到的、品种最优良的马，可以获得关于马匹繁殖和马匹品质最丰富的知识，可以在各类时髦的马车上，欣赏到匠人原创力、品位，以及他们为马车设计所付出的努力。

从都铎王朝时代到乔治二世时代，海德公园最时髦的区域始终是那条环形马车道。那个时代的才子和英俊男士常常从环形马车道上驶过，如彭南特所说，"马车经过时，引得众人纷纷微笑、点头致意，或是一片赞扬，妙语连连"。不过，在1770年至1773年间，环形马车道部分遭到了毁坏。卡洛琳皇后下令，修建了那片名为"蜿蜒"的景观湖，自此以后，这个风尚的聚会场所频频为一众贵族所光顾，既能满足行人的观赏，又能满足马术表演的需求。这个聚会之所现在叫作"皇家驿道"。公园内有一条美丽的林荫道，叫作淑女大道，道路每年都在整修，道旁的树木还没有完全成年，但从茂盛的枝叶来看，无疑是健康的。

说到这里，不得不提及一些不算离题的事情：亨利·罗克爵士就任总督以来，曾试图在墨尔本的阿尔伯特公园修建类似的林荫道，但出于一些未知的原因，这项值得赞美的计划居然中途流产，随后不了了之。之后，政府部门又有人不断提过类似建议。由于这项计划不会遭遇无法克服的困难，因而也没有理由认为，这个计划不会迅速而成功的实现，特别是考虑到，政府已经开始实施类似的工程——亚拉河的改善工程。

海德公园本来归威斯敏斯特大教堂所有，1536 年被亨利八世强行分离出来，宣称用作野生动物保留地。当时的面积远比现在大，东面最远到达帕克巷，西面几乎达到肯辛顿宫。目前，海德公园的占地面积约为四百英亩。

后来，在公园里牧羊成为一种传统，尽管考虑到园中的卫生问题和整洁问题，有人提出过反对意见，但这项传统或许可以变为一种优势，在我们国家的公园和领地内采用，因为羊群可以控制草量，防止夏季高温引发火灾。现在通行的做法是烧掉干草，如此一来，防火几乎不太可能，大量事例已经证明了这一点。

肯辛顿园林位于海德公园的西侧，与之相邻，或者，从某种程度上来说，已经成为它的一部分。这座园林是一处绝好的度假胜地，占地二百五十英亩，向来为都市名流及时髦人士所青睐。然而不久之前，周围还是一片原野和蔬菜农场，如今却是高楼环绕，附近的居民大多位居英格兰富豪榜或名誉榜的前列。尽管周围环境变化得十分迅速且令人讶异，但肯辛顿园林却大体保持着从前的面貌，最吸引人的地方在于，园中各处都能看到壮观的老树和宽阔的大道，此外还有小树林、空地，以及长势越发美丽的新栽树木。这些老树和新栽的树木包括：榆树、酸橙树、栗树、悬铃木、山毛榉、鹅耳枥，等等。新老交替，园中景观便处于常新的状态，简洁而大气，却没有单调死板之嫌。特别是在春季，一排排树木会展现出独特的美感，贡献出一份独特的绿意。

　　园林中可以发现许多惬意的小径和散步大道，大道一侧挺立着庄严的榆树，另一侧是条高贵的石子路，宽六十英尺，从肯辛顿的公路一直延伸到贝斯沃特。蜿蜒湖——俗称长湖——的岸边，种植着装饰性的树木和灌木，成片的杜鹃、花叶茂盛的苗圃，加上湖水、曲折的小路，种植园及大道，种种景观融为和谐且迷人的整体。特别惹人喜爱的是那些高大的古树——欧洲榆树（其中一棵的直径约六英尺）、山毛榉、酸橙树、马栗树等。其中一棵马栗树独自挺立，占据了大片土地，在炎炎夏日洒下一片令人感激的荫凉。

October 1897

在靠近女王之门的南侧，矗立着阿尔伯特纪念碑，此碑是为了纪念阿尔伯特亲王所立，他一生为科学和艺术事业做出了巨大贡献。园中有一条最怡人、最知名的散步大道，大道中有条鲜花小径，长七百码，两侧种植着精挑细选的亚热带树种和灌木，边缘则生长着草本、鳞茎状的、一年生或两年生花坛植物。许多亚热带植物，如棕榈、朱蕉、芭蕉、树蕨、映山红等，为晚春和夏季的月份增添了风致，秋冬两季则会搬入暖房，或加以遮盖。

夏季月份中最引人的风景，是一栋爬满常青藤的小屋，屋前是一片半圆形的花坛，周围的树木投下浓浓的绿荫，树下放着几张椅子，还有几张糙木座椅。园林的西端便是肯辛顿宫，宫殿正前方是一片装饰性的湖水，被称作圆塘。靠近湖的一侧，环绕宫殿而建的，是玛丽公主——泰克公爵夫人的花园。这座花园空间有限，布局设置综合了古板庄重的风格和"如画式风格"，并且考虑了实用因素和便利因素。古板庄重体现在宫殿东侧的广场上，而如画风格则体现在北面——湖畔的斜坡，通向凉亭、曲线优美的小径，以及景致优雅的角落。据说，这些园林是由泰克王子亲手设计并监督完工的。

在许多人眼里，摄政公园堪称都市园林之最。这座公园占地面积为四百七十英亩，中心部分主要是一片开阔的草坪，草坪上几乎没有任何树木，却有一条环绕园区外围的宽阔道路，供马匹和车辆通行。公园的中心区域常常用于军队检阅，作为公众的板球场，或者用于其他娱乐活动，周围种着树木和成片的灌木，还

摄政公园湖和大剧场，伦敦，约 1830 年

有几片装饰性的湖水，湖中小岛上种着常青植物和垂枝落叶松，水鸟多在岛上栖息。

就花卉的知名度而言，摄政公园主要种植的都是些知名且深受大众喜爱的品种，比如春球、风信子、郁金香、秋海棠，以及其他预育花卉。采用的装饰手法为混合法，比如马鞭草、矮牵牛、三色堇、半边莲、蒲包草、天竺葵等交错搭配，各种颜色搭配着各类矮株的装饰性观叶植物，形成一道整齐、优雅的组合景观。此外的一些植物似乎来自亚热带，叶子高贵而美观，比如美人蕉、蓖麻、龙血树、丝兰、芒草、棕榈、朱蕉、海芋、芭蕉、印度榕（又称印度胶树），等等，组成了一个壮阔而庞大的群体。

在北侧，紧靠阿尔伯特路的地方，是动物园，园内每个角落都种植着多荫树木，矗立着房屋。这片园林的背景，是风景如画的普林姆罗斯山。

在南侧和西南侧，是一片广阔的人工湖，湖水引自泰伯恩河，分为三个湖汊，点缀着诸多小岛，几座糙木桥，湖边生长着仪态庄严的树木。三个湖汊共同围成一片新月形的区域，这里便是皇家植物学会的园林，占地面积约十八英亩，是从林地和森林委员会处租借的土地。1840 年，皇家植物学会正式迁入，在此之前，这片土地为詹金斯先生所有，作为苗圃使用。当年这里一片平坦，地势从中间向四周微微下陷，有两片草坪，栽种着几棵大榆树、马栗树、悬铃木、棘刺、白蜡树及水果树。后来，在杰出植物学家和风景园艺家 J.C. 劳登先生的建议下，整个区域被罗伯特·马诺克先生改建成一座最美丽且最具教育意义的园林。园中堆起了几座坡度和缓、线条优美的土丘，有些分布在草地上，丘顶种植着灌丛和树木。最大的土丘顶端有一台风向和日向记录仪，站在丘顶可一览下方全貌。

这座土丘脚下不远处，有一片湖水，轮廓俏丽，散发着自然的魅力和如画的气息，湖边长满了芦苇、虎杖、黄色水鸢尾、大叶草以及多种柳树。附近的植物都是按照单、双叶植物的植物学体系排布。耐寒蕨及同类植物被安排在假山上。暖房（其中一座十分宽阔）中种植着各类珍稀植物，许多是亚热带经济植物。亚马孙王莲室里，不仅有一株巨大的睡莲，并且还有些精选的水生植物，有些是壮观的兰花，有些是柔美的蕨类植物。园林的一部分用于培育耐寒的经济类树木和灌丛，药用植物和美洲植物。这里偶尔会举办逍遥音乐节，或是盛大的水果花卉展览。总体而言，这座园林是美丽而有趣的，在我看来只有一处缺陷：那条从主入口到大暖房之间、贯穿那片大草坪中心的、笔直而宽阔的石子路。

普林姆罗斯山园林位于摄政公园北侧，中间仅仅隔着一条阿尔伯特路。

在伦敦行政区的中心，位于鸟笼街和莫尔步行街中间，在海军拱门、骑兵卫队、财政部、外交和印度事务部附近，在白金汉宫和圣詹姆斯宫的对面，坐落着圣詹姆斯公园。这是一处用于公共娱乐的保留地，占地面积约六十英亩，半数区域被一条东西方向的、狭长的浅湖所占据，园中的陆地区域种植着一些树木和灌丛，形成一片水鸟的栖息地。这里的水鸟与墨尔本园林中的水鸟类似，十分温顺，游人甚至可以走上前去，将它们捧在手里。这座园林与其说是俏丽，不如用"风光如画"来形容，只在很小的程度上具有人工园林的特征。园区内地势起伏，生长着许多优质树木和各类灌木。黄色的石子小径平滑而光泽，与装饰性的草坪辉映成趣，不仅给步行者带来便利，更带来愉快的心情。当然，最吸引人的要数那片湖水。适逢夏季，会有小船和独木舟往来于湖面之上，可供游人租赁，冬季则是滑冰的理想场所，因为水深不过四英尺，即便冰面碎裂，也不会造成很大的危险。

格林公园位于圣詹姆斯公园的西北角，中间被莫尔步行街隔开。事实上，这里曾是圣詹姆斯公园的一部分（两座园林占地共计一百一十八英亩）。这座园林风格古板，并没有如画的风景或是令人讶异的特征。不过，园中倒是有几株优质的古树，特别是悬铃木。浅绿色的草坪与苗圃中恣意盛开、颜色俗丽的花朵形成愉悦的对比。由于园内行人和马车的通行量较大，特地铺设了多条坚实的石子路，路况维护得很好。圣詹姆斯公园和格林公园所占的区域，曾经是片荒废的土地，后被亨利八世圈围起来，进行了改造，在里面建造了圣詹姆斯公园，并在园中养鹿。

这片区域当中，有几座壮观但不甚广阔的园林属于白金汉宫——英国皇室常驻的市内宅邸之一——这些园林占地面积约五十英亩，半数为草地，剩余的部分大多被一片装饰性的湖水和小岛所占据。这片土地曾经是白金汉公爵——约翰·谢菲尔德的私人土地，1703年，他在这里修建了一栋宅邸，后来，这片土地落入皇室之手，乔治三世从圣詹姆斯公园和格林公园中分别抽取一部分土地，并入此处。1825年，乔治四世统治期间，气势宏伟的白金汉宫开始动工修建，多年后才修建完工。

园林位于宫殿西侧，靠近宫殿的这部分区域，形成了一片广阔的草坪，上面连一棵树或灌丛都不允许生长。这座园林，或者说，这片装饰性的土地——之所以存在，都是拜阿尔伯特亲王所赐，是他将一座乳制品农场改建成了园林，后来被维多利亚女王当作装饰性的园林，并按照英国游乐园的风格进行布局。草坪从宫殿一直延展到湖边，那里栖息着许多普通及珍稀的水鸟，几座糙木桥连接着小岛，小岛及岛上的植被为这里的景观增添了一份多样性。远处生长着许多优质树木，如橡树、悬铃木、山毛榉、酸橙树、杨树、榆树及其他大型树种，有些树则成为清澈湖水的流苏。再远处，是一片精心挑选出来的同属植物，如杜鹃花等；再往远处的西面走，是通常被称为"荒野"的区域——艺术意义上的、狭义的荒野，包括灌丛、山坡、长满蕨类植物和野草的坑洞、杂糅一处的开花植物和蔓生植物。附近有一座人造的小山丘，高一百英尺，站在丘顶可以俯视林木美景，区域尽头有几条魅力非凡的林荫路，道路两侧的山楂、金链花等，绽放出红色和黄色的花朵，在道路上方形成一道道"拱门"。有的道路两侧种着绣球花和忍冬等灌木，这些都是阿尔伯特亲王亲手栽种的，他非常热爱园艺。在这里，皇室的孩子们接受着熏陶，成为爱花的人，每个人都有属于自己的花园，可以培育和照料花朵。这里还有一座几何形的花园，里面有片圆形的土地，被分割成十九个苗圃。这些苗圃得到了精心打理，在植物分类和颜色效果上下了很大的功夫。

女王最喜欢的菊花大多生长在室外，温室里也有一部分，分布在宫殿北侧。菊花与园景灌木、优质的观叶植物交相辉映，营造出绚烂的效果，秋天效果尤佳。除菊花外，还有许多其他耐寒的多年生草本植物，以及适应各个季节的经典植物，包括白色的头巾百合、橙色或猩红色的头巾百合等各类百合，还有芝麻菜、风铃草、紫罗兰、鸢尾花、车叶草、报春花、毛地黄及蜀葵。

在都市东北部的拥挤区域，居住着大量的工业人口，分布在贝斯纳绿地区、哈克尼区、堡区、老福德区、白教堂区等地。在这片区域中，占地二百九十英亩的，是美丽的维多利亚公园，是成千上万名辛勤劳作者的休息场所，如果没有这座公园，这些劳动者很少有机会见到青草或花朵，很少有机会呼吸到天堂般自由、清新、纯净的空气。这样一个游乐场所的存在，确实大有裨益，对于那些使用并享受它的人而言，无异于上帝的恩赐。令人欣慰的是，公众十分尊重手中的这项特权，对托付给他们的这片园林保护得非常周到，从根本上来说，这是一座属于民众的园林。在这座公园里，和英国所有的园林一样，偷盗花卉的事情很

钻石庆游园会，白金汉宫，伦敦，1897 年

少发生，一旦发现，偷盗者便会遭到法律的严惩，以儆效尤，根本不考虑偷盗者的身份或地位。相比之下，在澳大利亚则很难确保苗圃里的花完好无损，不论是精心挑选的，还是普通的花。

据说，整座公园的造价为七千二百英镑，相当于萨瑟兰公爵购买斯塔福德宅邸时向政府支付的费用。维多利亚公园，除了通常意义上的公园（种植着许多树木和灌木）之外，还有其他功用，在这个意义上，对于那些享受它益处的人而言，它具有双倍的价值。

园区东北角有一个板球场，面向所有板球爱好者开放，中央区域有一片可供游泳的湖水，西南方有一片广阔的湖泊，可供划船。此外，园中还设有体育馆。两个湖都具有高度的装饰性，上面架设着糙木桥，湖中小岛上种着垂柳，为无数水禽，如天鹅、番鸭、中国鹅、白颊黑雁、水鸡等提供了栖身之地。园中有很多树木，长势旺盛、布局合理，其中包括几行酸橙树和榆树，几片白蜡树、马栗树、悬铃木、桦树以及美国梧桐树。此外，还有数不清的景观树，有些是松族类，如雪松、乔松、柏树，有些是臭椿、刺槐、美丽的银杏或白果树。偶尔能见到形形色色的冬青和荔莓。灌丛中常见绣线菊、车轮棠、红花醋栗、黄芦木等。一座假山上长满了高山植物，如景天虎耳草、拟石莲花，以及数不清的其他植物种类，营造出怡人的效果。

这座园林的特异之处在于，灌丛边缘种植着混合花卉，各类草本植物中点缀着球茎类植物和一年生植物。开花植物的苗圃形式多样，有几何形，有卷轴形，带状的边缘夹杂着鲜艳的色条，足以令最严谨的园艺爱好者心生喜悦。简言之，这座公园创造了诸多奇迹，在伦敦东区的工人阶级群体中，唤起并培养了对园艺的热爱之情。事实上，每逢年中的某个时节，园林就会向申请人提供数以千计的插枝。此外，还会举办植物花卉展，这足以给伦敦西区的展览增光添彩。

November 1897

在泰晤士河南岸，正对着切尔西休养院，坐落着巴特西公园，用"著名"二字形容它可谓恰如其分。事实上，可以说，这座公园是艺术对于自然的胜利。最初，这里只是一片低平的土地，后来堆起了一座又一座人工土丘和巍峨的小山，开辟了林中空地，修建了洞穴，设置了缓坡，形成一种画意十足的整体风格。丰富的植被、优美的设计、和谐的装饰，等等，不仅令人赏心悦目，对于人口密集的聚居区而言，还具有实用价值，鉴于此，这座园林可在伦敦的诸多园林中独占鳌头，但关于这一点，公众向来争论不休。园区面积达二百英亩，著名的红屋便建在此处，早些年，这里因射击比赛而为众人熟知。园区整体轮廓为不规则的方形，占据泰晤士河沿岸超过半英里长的肥沃土地，园区外围几乎被一条两英里长的环形车道包围，在车道上，可以望见园林中心最为壮美的风光。到处都能见到苦栎，高度在四十至四十五英尺之间，与大片的白杨和形形色色的榆树交相辉映，营造出绝佳的风景效果。

从某些细节上来说，亚热带植物园显得古板而不自然，但在夏季月份却极具吸引力，棕榈树、树蕨、香蕉树、龙血树、楤木、天堂鸟以及数百种知名亚热带植物，将会在夏季上演一场壮观的演出。它们有的集中在绿草地上划出的苗圃里，有的孤零零地分布在草丛中，花盆埋在草坪下方。大量色彩艳丽的花朵，密密麻麻、安排有序的普通植被，在园中到处可见，将植物宽阔的叶子映衬得更为壮观。

1851 年博览会展馆水晶宫，海德公园，伦敦

　　园中的假山是一道亮丽的风景，必然会惹人瞩目，引发爱慕之情。尽管整座假山都是人工制造，却是在园区的现场完成组装的，位置的选择十分高明，组装技术高超而巧妙，巨大的石块上裂痕斑斑，水流顺着裂隙流入下方的湖中，看起来仿佛是一场猛烈的天灾，将一座小山一劈为二，此情此景，不得不让观者信服乃至惊讶。假山脚下是蔓生植物，上方，半掩在石壁中的，是车轮棠、铁线莲、长春花、五叶地锦，等等，偶尔能在裂隙中看到屈曲花、石竹、蝎子草、虎耳草、长生草，以及其他高山植物。在凸出的尖角部位，或是在怪石嶙峋的山坡、岩架上，长着几棵针叶树，比如，奥地利松、冷杉、柏树、紫杉和低矮的常绿植物，水中则生长着莎草，岸边生满了蕨类植物。

　　这里的一大特色在于，长满蕨类植物的林间空地上汇聚了各类喜阴植物。令人无比喜爱的有新西兰和澳大利亚的树蕨，高度在二到八英尺之间。不过，这些植物与热带园中的植物一样，冬季需要搬入温室中。另一个引人的地方在于高山植物园，园中地面上生长着厚厚一层青苔、虎耳草、婆婆纳等，其间夹杂着各类高山景观特有的针叶树，多石区域和小小的山峰上，则覆盖着蝶须春黄菊。

　　遍及园中每个角落的装饰草都值得称道。站在东门玫瑰丛附近的小山上，可以看到一小块绝美的园林风景。湖中的小岛和凸出的岬角上，落满了天鹅、鸭子和潜鸟，湖面主要用来泛舟。从河对岸很容易便能进入这个公园，因为它占据了切尔西和阿尔伯特桥之间的全部空间。

距伦敦八英里的地方，一排排连续的房屋依然保持着与大都市的联系，这里拥有的，或许是英格兰最可爱的景致——里士满公园，一片封闭的土地。据从前的统计数据，这座公园的面积为二千二百五十英亩，但根据军械测量局的数据来看，只有二千零一十五英亩。

这座气派的公园与伦敦城内及附近的公园和园林形成了鲜明的对比，其风格无限接近自然，在尝试对它进行描述之前，似乎有必要就其历史进行简短的介绍。早在爱德华一世统治期间，里士满有一处皇家宅邸，占地十点五英亩，附带一座三百五十英亩的园林。爱德华三世、亨利七世以及伊丽莎白女王都在这座宫殿里去世。到了查理一世，这座宫殿成为最受青睐的皇家宅邸。这位国王认为园林太小，不适合打猎，决定新建一座，于是用砖墙围起了一片周长约为十一英里的土地，其中就包括如今里士满公园所在的位置。这座围墙的大部分保留了下来，但在我看来，更明智的做法是，把围墙换成更加开放的铁栅栏，特别是邱园与里士满之间的那段两英里长的围墙，尤其需要替换。

自建成之后，这座公园的大部分区域，先后通过购买或皇家特许的方式沦为私人财产，但后来又被收回。自 1834 年起，这座园林始终保持着最初的面积，除艾坪森林外，相当于伦敦及其郊区园林总面积之和。围墙之内有三座皇家宅邸，分别为白屋、彭布罗克山庄和草屋。一群野生动物——主要是黇鹿——在园区内自由觅食，除动物保留地之外，其他区域均向公众开放。园内的景致不仅包罗万象，更是极具画意美感。杂乱的灌丛、长满蕨类植物的沟壑，野花盛开的溪谷，大小灌木和树木，等等，对于压抑的伦敦市民而言，无异于莫大的恩赐，他们可以骑马和坐车行驶数英里，穿越小山，跨过山谷。园区内铺设了几条彼此交叉的小径和宽敞的甬道，从独特的设计来看，显然是为了选取最优的方式来展示园中的林景。这些道路有的穿过大道，有的通向一片片古老且高大的树木及生命力旺盛的、年轻或成熟的植被；有的通向矮林丛生的溪谷，野林密布的山坡，以及密密麻麻的灌木丛。在这些安静的植被当中，躲藏着野兔、野鸡、雌鹿、幼鹿；白屋下方的湖面上，聚集着、繁衍着无数水鸟，从胆小的水鸡，到优雅的白鹭，林林总总，不一而足。

从园中的高处俯视，眼前呈现的是一派纷繁的景色，极具浪漫气息和美感。最受欢迎的，是那道将泰晤士河谷纳入背景的风光，以及远处的萨里山、巴克斯郡和柏克斯郡，天气晴好时，还可以望见温莎城堡矗立在梯级式步道的尽头。另外，在奥利弗山上可以看到另外一道风光：阿尔伯特音乐厅、威斯敏斯特大教堂、水晶宫、汉普郡，以及高门山。

里士满公园还有一个引人的特色：西恩小屋。当年，杰出的古生物学家——理查德·欧文爵士在女王的恩宠下，获得了西恩小屋，在他杰出的一生当中，最美好的一段日子就是在这里度过的。在这里，他为科学的进步做出了巨大贡献。西恩小屋是园区中一座美丽的小房子，穿过西恩门便是，屋后有个优雅的花园，风格十分简约。花园里有一大片草坪，边缘种着草本植物和灌木，几条蜿蜒的小径通向远处的荒野。草坪上种着几棵科西嘉黑松、铁杉、山毛榉和悬铃木。在这个幽静的所在，这位伟大的哲学家沉浸在书本中，时而对着化石、头骨、骨头沉思，对他而言，这些东西具有一种怪异的吸引力。有时，他会跟附近的邻居——另一位科学事业上的老兵，爱德温·查德威克爵士——展开一番渊博的对话。

距伦敦十四英里处，在泰晤士河的北岸上，坐落着汉普顿宫及其园林，从某种程度上来说，它是英国皇宫及园林中最壮观、规模最大的一处，经常与英国历史上的著名人物联系在一起，比如那个屠夫的孙子——渥西主教——曾在残暴的亨利八世统治下，多年来一直掌握着英国的命运。

汉普顿宫由渥西主教于 1515 年修建，权势最盛之时，他曾享受着帝王般的奢华，在这里居住了许多年。宫内收藏了大量的银器，甚至引起了亨利的忌妒，而英国皇室向来是想要什么，必然要得到什么，于是，渥西主教破例将这处宫殿送给了国王，作为交换，他住进了里士满宫。在 1529 年渥西主教失势[①]后，亨利八世占有了这座宫殿，并大幅扩建和改善，尽管他增添的设施后来大多被威廉三世毁掉了。从亨利八世到乔治二世，这座宫殿

---

① 译者注：1529 年，渥西主教未能确保亨利八世顺利离婚，因而丢掉官职，并以叛国罪被捕。

始终被作为皇室（包括奥利弗·克伦威尔在内）的寝宫，但乔治三世继位后，并没有住在这里，于是，根据国王的喜好，这座宫殿的大部分——包括上千个房间——被改造成公寓，供一众贵族和望族人士居住，居住者大多是为国捐躯之士的遗孀。维多利亚女王继位后，为体现皇室的仁善，下令将公寓、宫殿及游乐园免费向公众开放。为此，维多利亚女王放弃了部分皇室收入，因而汉普顿宫及其公园、园林虽为皇室私有财产，其维护成本却是由国家来承担。

　　汉普顿宫的公园和园林占地五百七十六英亩，虽然从现代园林设计的角度来看，该园并无多少可以借鉴之处，但园中那些广阔而雄伟的大道，开阔的林中空地，无处不在的高俊的树木，依然令人无比仰慕。这些园林始终对外开放，其整体风貌归功于查理二世，尽管之后威廉三世和玛丽皇后又进行了扩建和整改。那道运河和长湖，以及湖边那行长达四分之一英里的酸橙树，都是出自威廉的设计。在冬天，长湖是公众青睐的滑冰场。

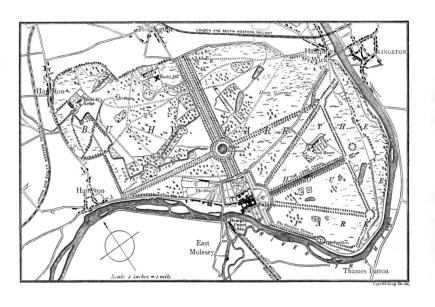

皇家宅邸汉普顿宫，1885 年

December 1897

每逢夏秋两季的假日，成千上万的人会来到这座园林中，徜徉在宽阔的甬道或绿色的草坪上，欣赏着树木与花朵，抒发着对大自然的热爱。这些人有老有少，来自各个阶层，但大多数无疑都是真正意义上的城里人。每逢这个时候，这些园林便呈现出最令人赏心悦目的景象。园中树木的种类极为丰富，最有趣的亮点在于，那一片片自然生长的紫杉，人们喜欢在它们的树荫下休憩。当下的这代人真该心怀感激，因为这些树木躲过了被修剪的命运，逃过了那古老的荷兰风格。当然，值得注意的并不仅仅是这些紫杉，更有酸橙树、橡树、榆树、马栗树及甜栗树。在本国的风光中，还有什么能比那片可敬而庄严的树木，更能唤起心底的崇高呢？这些树木主要分为三行，都是酸橙树，从宫殿正面开始分为几条支叉，左侧的那行品种最优。这些树木几乎形成一道长达一英里的拱门。园林的设计与宫殿的风格颇为相似，简约，但近乎刻板，除了花圃里那些欢快的花朵，其余的一切，似乎在几个世纪当中，都未曾发生过改变。

所谓的"野生园"位于宫殿北侧，园中景致尽可能地被保持在自然状态，同时又不失整洁，这与别处景致的精确、对称及迂腐，形成了鲜明的对比。可以说，荷兰的园林就是后者的代表——所有的一切都要按部就班、做到如几何学一般精准。例如，从装饰角度考虑，每棵树的种植都要确保精确，常青树往往不可缺少。黄杨、紫杉、冬青等树木，构成了园内的装饰。修剪工具主要是大小剪刀，将树木剪成可怕的圆锥或金字塔形，或是鸟兽等其他样态，彰显着园艺师扭曲的想象力。那些园艺师不仅想象力贫乏，更有些近乎癫狂。不过，令人欣慰的是，尽管园区的有些部分仍然处于这种状态，保留着半开化时代的样本，但从园艺的逼真程度与自然程度两个角度来看，多数的树木依然得到了自然生长的机会。近年来，有关自然风光的品位得到了极大提升，尽管如此，在壮观的林荫道旁，在宽敞的马车道两侧，许多古代留下来的范例依然具有借鉴的价值，汉普顿宫就是一例。

园中的树木，有的成群栽种，有的单独矗立，主要包括酸橙树、椴树、榆树、马栗树，还有几棵橡树和雪松。酸橙树已经长到了一定规模，周长大多在十二至十六英尺，高度为一百二十英尺。榆树的体型也不小，外观美丽，干围二十五英尺，不过有些已经朽败，树干上有许多洞，直径在三英尺左右。橡树十分高大，其中一棵的干围已经超过了四十英尺，分出三条巨大的支叉，几乎与主干一样粗细。这是一棵古老而壮观的树，只是树干已经中空。

园中的花卉装饰可谓繁多，但主色调太过艳丽，多数花卉被成片地种在巨大的长方形苗圃中，这里倒是可以出现一些艳丽的颜色，而不至于显得太过华美，因为整片苗圃背后，是一些高贵的树木和茂密的灌丛，在很大程度上减轻并冲淡了颜色的艳丽。

汉普顿宫的葡萄藤十分出名，不仅是这座园林的一处盛景，更被认为是全世界规模最大的葡萄藤。它位于所谓"湖园"的尽头，1768年开始栽种，最初是从艾塞克斯的瓦伦丁宅邸取下的一段滕条，逐渐成长到如今的规模，属于红大粒品种。据说，1822年，这棵葡萄藤的干围已经长到十三英尺，一年内产出的葡萄达到二千二百磅，接近一吨的重量。

关于这棵葡萄藤的记录和传闻，唤起了我的好奇心。于是，我利用这个机会仔细地观察它及其周围的环境，发现这棵葡萄藤有一百二十年的历史，去年产出的葡萄多达一千五百串，如果每串的重量为一磅，那总重量应该十分惊人。这棵葡萄藤生长在一个临时搭建的棚屋内，长七十五英尺，宽二十五英尺。我量了量离地一英尺的干部，干围四十五英尺，主干上的分支周长为十九英尺，枝干总共占据了二千二百平方英尺。前文已经提到过，这棵葡萄藤向来被誉为世界上最大的葡萄藤，事实上，尽管它体型庞大，但还没有资格获得这一殊荣，因为在苏格兰的格兰扁山脉北侧的海尼尔庄园里，有一棵，或者说，曾经有一棵更为庞大的葡萄藤，据说是1832年布雷多尔本侯爵种下的，占据了一座面积为171英尺×25英尺的房屋。当然，其精确性我是无法保证的。

造访汉普顿宫期间，我趁机参观了附近的布希公园，公园入口的正对面，是狮子门——得名于码头上的一排狮子石雕，据说是安妮女王所建。布希公园以那条壮观的大道而出名，长一英里，两侧种植着马栗树和酸橙树，似乎是在威廉三世统治期间种下的。不得不说，不论是规模还是美感，这条大道都是世界上任何一条道路所无法超越的。这座公园占地一千一百英亩，南端的装饰性水池里，有一处喷泉，水池旁立着戴安娜铜像，据说塑于1699 年。

位于锡德纳姆的水晶宫拥有几座不错的园林和游乐园，这都要归功于已故的阿尔伯特亲王，他对园艺相关的事物，以及其他艺术门类和科学，都抱有深沉的兴趣。这些园林的设计出自已故的约瑟夫·帕克斯顿爵士之手，如今已成为这位爵士最好的纪念碑。1854 年，维多利亚女王下令，水晶宫及其周边园林对公众开放，此后便成为伦敦市民最青睐的休闲之所，距离市区不远，只有八英里。园区面积为二千英亩，从那里可以饱览周围数英里的壮观风景。对于游客而言，不论是宫殿内部，还是外部的园林，最吸引人的还是那些花床，打理得十分出色，安排得也很巧妙，一年四季都能给眼睛和心灵带来愉悦。当然，最迷人的季节是夏天和初秋，届时，地毯一般的花丛将盛装绽放。

眼下这个时节，玫瑰园的风景最壮观，种类繁多，品种优良，包括矮玫瑰和蔷薇。建筑内部生长着无数的观叶植物，其分类和布局方式，确保了访客可以获得无穷无尽的愉悦。这里有树蕨、棕榈、南洋杉、香蕉树、丝兰、龙血树、五彩芋，以及数不清的其他亚热带植物。尽管对澳大利亚人而言，这些植物并不出奇，但在气候更冷的英格兰却显得极为珍稀。这里还有许多种效果非凡的攀缘植物，它们沿着柱子可爬到四十五英尺的高度。宫殿里还有一个装饰性的水池，内有多种水生植物，其中最吸引人的要数亚马孙王莲，多种睡莲也为这幅美景增添了生命力和光彩。

January 1898

　　乘坐伦敦的"大西部线"列车，到斯劳站或塔普隆站下车，不到一个小时的路程，就到了著名的伯纳姆森林——位于白金汉郡东南角，离伊顿和温莎不远，是英国境内现存为数不多的一处古代森林。1879年6月24日，出现了一则关于这片"古代森林之遗迹"的出售广告，被伦敦城自治会以一万二千英镑的价格购买下来（共有地面积为三百七十四英亩）。1883年10月3日，伦敦城市长前往该处，白金汉公爵主持了盛大的仪式，宣布这片森林向公众永久开放，为纪念这一壮举，公爵大人亲手种下了一棵树。

　　伯纳姆森林是诸多艺术家经常光顾的地方。参观途中，连我也被这里的肃穆、幽静和美丽所感染，唤起了我们对古代岁月的遐想。或许，古代的德鲁伊教徒，曾经在这片古老森林的暗影中举行过宗教仪式，巨人般的树木、粗糙的树干、交错的枝叶，为那祈祷或祭祀的图景添上了一个相框。有一条深深的溪谷贯穿森林中心，溪谷两侧是封闭的林木，四周被山毛榉所包围。东面有三个水塘，塘中生活着大量鱼类，岸边长满了白桦树。这些水塘附近有一片空地，几棵扭曲怪异的老树显得异常惹眼，此外还有许多古代沟渠的遗迹，或许是当年罗曼人或英国人的营地。山毛榉十分均匀地分布在整片森林中，除了一棵名为"少女榉"的树，余者都在很早前被人去过顶，林中的橡树和其他树木也不例外，但究竟是何时进行的修剪，何人所为，目的为何，则不得而知。根据当地传说，这些树的顶枝是被克伦威尔的士兵砍掉的，

伯纳姆森林，白金汉郡

但这个说法已被视作妄谈。

这里的树木多已变为空心，不过顶端枝头的裁剪似乎为空空的树干注入了旺盛的生命力，这些"空壳"枝干足有三四棵寻常树木大小。自从其成为伦敦城及国家的财产后，这片森林的状况有了不少的改进，特别是道路的整修，让许多车辆、行人及骑自行车的人都可以进入森林的大部分地区。还有一点十分有趣，也与这片森林有关。诗人托马斯·格雷就是在不远处的斯托克写下了《墓园挽歌》，如今他已在教堂的墓地中长眠。历史学家格罗特的小房子也在附近。

距斯劳郡七十英里处，坐落着美丽的德普莫尔公园，它曾是格伦维尔勋爵（乔治三世期间的英国首相）的私人园林，现在是路易莎·福特斯库夫人的地产。德普莫尔公园中，最著名的是那座冠绝欧洲的松树园，园中的各类松树长势良好，多数比其他地区的松树更为庞大。此外，松树种植在其他树木和灌丛中间，因而更具画意美感，不但为其他树木遮风挡雨，更避免了景观的单调。相比清一色的松树林，这种安排更为有效，也更令人讶异。园区占地面积九百英亩，通过审慎地分类，各类观叶植物形成明快的对比与组合。房屋周围的花园占地不过二三英亩，在二十世纪初刚刚建成，风格庄重但近乎僵化：狭长的花坛，方形的花圃，依然保持着旧日的风貌，里面长满了过时的草本开花植物。有些花圃分布在宽阔的石子路旁，里面种植的灯笼海棠虽是寻常品种，体量却大得惊人，有些海棠的寿命已达半个世纪之久。在其他区域，单调的移植植物十分显眼。

离开此处，向前行走不久，眼前的景观立刻变得丰富而迷人。外形僵化的花园已经不见，取而代之的是一片半野生的游乐园，从这里开始，便进入了所谓的"松树园"。

松树园内，或狭长或宽阔的空地朝各个方向延伸，草地上生长着令人惊喜的野花，沿着每条青草覆盖的小径，不，应该说，每转一个弯，都会发现新的美景，有些是高大的松树、柏树、雪松，有些是四五十英尺高的南洋杉。成片的杜鹃形成一道道厚实的墙壁，或一片片斜坡，中间挺立着几棵高大的山梨树，点缀着密密麻麻的鲜红色莓果。进入一片被荒野包围的空间，或者说隐幽的角落之后，仿佛走入一个被白桦树统治的王国，这里的白桦高度不等，在十二到十六英尺之间。小径边缘长满了欧洲蕨，头顶的山毛榉低垂着绿叶，大片的忍冬点缀着山楂树及远处的其他植物。在德普莫尔公园里，类似的景观长达数英里。与松树园内部相比，外部的优质橡树、白蜡树、椴树、西克莫无花果树、枫树、悬铃木和橡树等，分布得更为紧凑。松树园中贯穿着几条车道，道路两侧生长着优质的枞族类植物，特别是冷杉、来自阿特拉斯山脉（阿尔及利亚）的北非雪松、印度雪松及一些花旗松。这个区域最大的特色，要数种类繁多的针叶林，不用说描述，单是列出这些针叶植物，都会占用很长的篇幅。许多针叶植物的平均年龄在六十到七十年之间，多数高达几英尺，比例匀称，若要防止过度拥挤，必须及时用斧头或钩镰进行清理。就松树而言，

德普莫尔公园，白金汉郡，1818 年

如果被其他树或灌木侵占空间，则永远都无法恢复正常的形态。由于这方面的工作做得很好，而且养分充足，排水及时，这里的冷杉、云杉、南洋杉、柏树及所有此类习性的树木，都生出了触及地面的茂盛枝叶，长成了一棵棵伟岸的景观树。在德普莫尔公园，只有一处过度拥挤的反例——那列蜿蜒而曲折的黎巴嫩雪松，枝干交错一处，对彼此都造成了伤害。

德普莫尔公园最大的骄傲莫过于高大的智利南洋杉，以及北美冷杉，堪称所有人工种植的冷杉中，最大、最完美的典型。智利南洋杉的年龄至少有五十年，从根部到顶部，高度为七十英尺。冷杉则是在格伦维尔勋爵时代栽种的，高一百二十四英尺，干围十五英尺，叶子密实，枝干几乎垂到了草地上，真可谓壮观。这些松树还有其他种类，分布在园中的各个角落，外形上几乎同样完美，只是没有这么巨大。有一棵优质的黎巴嫩雪松，种植于 1792 年，珍贵非常，据说是德普莫尔公园引入的第一棵针叶树。除了高大的花旗松，最大的冷杉属树种，包括了各类绝美的品种，比如，诺比利斯杉、金钱松、科罗拉多冷杉、黄杉等，均来自加利福尼亚。还有来自喜马拉雅山的铁杉和海巴戟；西班牙南部的土生冷杉；来自希腊山脉的冷杉；来自克里米亚的金叶高加索冷杉等。所有这些树木的高度都在六十到七十英尺之间。狭义上的松树种类有：莱莫尼阿纳松、印斯格尼斯松、大黄柏、大约五十七年前种植的乔松、欧洲黑松、本赛姆松、北美乔松、沙棘松、西黄松、欧洲赤松等，均为高大的景观树木；此外还有日本柳杉，每棵都不低于五十英尺。巨杉、加州常绿红杉、大西洋雪松、喜马拉雅雪松的高度在七十到八十英尺之间。有些落叶松则高达一百英尺或更高。这些茂盛的针叶树与形形色色的其他树种——许多为当地土生，快乐而自由地融合在一起，乍一看去，很难分辨哪些是人工艺术，哪些又是大自然的杰作。

February 1898

在德普莫尔公园停留了几个小时之后，我继续前往温莎，那里主要以雄伟壮丽的城堡而闻名。城堡为征服者威廉所建，亨利一世对其进行了扩建，此后便一直作为大不列颠皇室的主要寝宫。温莎公园以高大而古老的橡树著称，占地面积约一千五百英亩，园区的一侧贯穿着一条笔直的大道，道路两侧栽种着榆树，高一百二十英尺，是查理二世于1680年种下的，一直延伸至乔治三世的雕塑处。此外，园中还有一片森林，林中生活着鹿群。许多美丽的车道和小径自林中穿过，城堡上区的三面均环绕着梯级步道，长度不少于三千英尺，是现存的梯级步道当中状况最好的。下方是长满各类树木和灌丛的山坡，坡上小径纵横，绿荫浓浓，但这片区域并不对公众开放。所谓的家庭公园，又称"小园"，占地五百英亩，园中分布着高壮的树木，树龄高达几个世纪之久。

家庭公园中有一株小橡树，历史上著名的"荷恩橡树"当年就栽种在那个位置。小橡树的前方是一块楔入地面的石头，上面镶嵌着一块铜板，刻着以下几行字：

此树为维多利亚女王于1863年9月12日所种，以此标记荷恩橡树所在的位置。1863年8月31日，这棵古树被风吹倒。

这行铭文下方是《温莎的风流娘儿们》中的一句引文：

有这样一个古老的传说，

温莎森林有个看林人，

冬季的深夜时分，

常常会出现，

绕着一棵橡树打转。

——莎士比亚

　　附近的林子里，有三四棵古老的皇族树，大都处于朽烂的最后阶段，或许是与荷恩橡树同时代的植物。不远处是一棵古老的园景树，被称为"伊丽莎白女王的橡树"，干围三十英尺，虽然树干已空，但整体保存的状态还算完好。这棵树有一根枝干，离地十英尺，曾在1889年的一场飓风中折断，它的周长为十五英尺。露出地面的树根中，有些直径达到四英尺。附近还有些庞大的榆树，其中一棵的树干周长为二十二英尺，高六英尺。园中的大多数榆树，平均周长都在十三到十四英尺间，由于间距过近，它们能够存活下来，已然是奇迹。假如种在开阔地带，凭借如此肥沃的土壤，它们现在一定会长成一棵棵庞然大物。有些马栗树的品种也很优秀，高达一百英尺，像布希公园的马栗树一样，均匀地分布在园区各处。

　　我还参观了另外一处皇家宅邸——奥斯本庄园，位于距考斯不远的怀特岛上。这座庄园占地极广。如果从朴次茅斯渡海，在前往考斯港的途中隔海相望，就会发现它的妩媚与动人。寝宫坐落在一座小山丘上，陡峭的山坡上覆满了青草，点缀着几棵高大的古树、月桂树、葡萄牙和英国桂樱、荚蒾和杜鹃花，一直蔓延到海边，构造出一派非凡的美景。

由于气候温和，温差较小，岛上植被遍布，丰富且多样。的确，这里的许多植物长势旺盛，长年不衰，相比之下，内陆的植物在冬天则需要保温。在岛屿的某些区域，我们澳大利亚的树木和灌木长得尤其强壮，比如桉树、金合欢、哈克木、串钱柳、番樱桃，等等。新西兰的植物，如朱蕉、婆婆纳、南茉萸、海桐、铁心木、耀花豆，等等，也不例外。奥斯本庄园附近的这些植物，大多长势旺盛，并且得到无比的珍视。高大的蒲葵、山茶，以及来自中国、日本的其他植物，在灌丛中苗壮生长。凤尾兰、崖州竹、中国竹、新西兰亚麻——形形色色且绿意盎然——这些只能在英国腹地的某些园林中见到的植物，被成功地移植到这里（不足一年时间）。芦竹，来自南欧的大芦苇，以及欧洲矮棕等，仿佛在故乡一样无拘无束、自由自在地生长。在一片草坪上，生长着一株优质的栓皮栎，高三十五英尺，树干周长六英尺，令人印象极为深刻。不远处，是一株六十英尺高的黎巴嫩雪松和几棵"北美槭树"，树下有几张椅子，在炎炎夏日撑起一片美妙的荫凉。奥斯本庄园里几乎囊括了所有英国树种，但卢浮橡和它的变种——奥地利橡树和复橡——则长得不太理想，不过，在隔壁的庄园里，也就是贝德福德公爵的诺里斯城堡中，我发现了一些优质的夏栎。

一条宽阔笔直的大道旁，种植着爱尔兰杉，高二十英尺，

奥斯本庄园，怀特岛，1872 年

这条大道一直通向"约翰布朗的座位"——一片绿荫盎然的区域。有些最具装饰性的松树分布在草坪上，大多是纪念树，上面小心翼翼地挂着牌匾，写明了树木的种类、种植时间，以及种树人的名字等信息。两棵绝好的冷杉——诺比利斯杉和格兰迪斯杉——是女王在 1866 年 1 月 10 日亲手栽种的，同日，克里斯蒂安王子种下了那棵壮观的金钱杉；另一棵红冷杉是女王在 50 岁生日当天所种。两棵广玉兰，高约二十英尺，是由已故的阿尔伯特亲王种下的，一棵在 1846 年栽种，另一棵的栽种时间为 1847 年。一棵黎巴嫩雪松是威尔士王子小时候种下的；那棵五十英尺高的硬苞冷杉，或许是英国境内最好的一棵，非常适合目前所在的位置，是海伦娜公主在 1855 年栽种的。一棵罗汉柏，是马克西米利安国王于 1861 年 8 月 3 日所种；两棵红冷杉是由法国国王和王后于 1857 年种植，种在一片绝美的针叶林中间，许多针叶树上刻着其他奥斯本庄园的访客的名字，这些访客大多为社会名流。

我从雅茅斯渡海，穿过索伦特海峡，后乘坐来自利明顿的火车，到达林德赫斯特庄园。这座庄园距伦敦约八十英里，位于汉普郡新森林的中心。新森林或许是英格兰最广阔的一片开放性林地，据说是英国境内唯一一片保持着原始特征的硬材林。整片林区长二十英里，宽十五英里，占地面积为九万一千英亩，其中二万五千英亩被林木和种植园所覆盖。在林区当中，二万五千英亩的土地为私人所有，六万三千英亩则为皇室财产，属于多方共有地，两千英亩为皇室所独有。

据《英国土地志》记载，这片壮阔的林木是当年威廉一世种下的。如今，有些部分的林地风光，已经远非一座广阔的园林可比。正如它的名字所示，这里拥有大片茂密且广阔的森林。在英国历史上，这里正是威廉二世，鲁弗斯，或者说"红发国王"遇难的地方，他无意中被沃尔特·蒂勒尔（诺曼底波瓦克斯及蓬图瓦兹地区的领主）射出的弓箭所杀。一个名叫普尔基斯的烧炭者发现了国王的尸体，将其送到温切斯特，他的子孙后代生活在附近的米恩斯泰德村，至今仍因其先祖的义举而每年都享受着皇室的馈赠。被弓箭擦过的那棵树早已死掉，但在原来的位置上立着一块石头，上面刻着铭文。离开新森林，我又前往温切斯特，参观那里壮观而古老的城堡。在唱经楼上，我看到了一块朴素的灰色石头，上面没有碑文，据说那就是鲁弗斯的墓冢。教堂的墓地里有条大道，道旁是查理二世期间栽下的椴树，它们引起了我的注意。这些树高达一百英尺，间距只有十英尺，树枝在头顶彼此交错，形成一片网络。大道右侧，墓地的一个角落里，几乎正对着教堂的西侧，一块石碑上的有趣文字让我忍俊不禁："谨以此纪念托马斯·撒切尔，汉普郡国民卫队北部军团战士，因热天小酌冷酒，引发高烧而死，1764 年 5 月 12 日，享年 26 岁。此碑为战友所立。"

这里长眠着，汉普郡的一位士兵

他因为小酌冷酒而死

他的离世可谓不合时宜

各位士兵引以为戒

天热时节，要么烈饮，要么不饮

    距温切斯特几英里处，靠近奥尔斯福德的地方，坐落着阿文顿森林，我在那里消磨了半天时间，在杂木林中闲逛，采花，欣赏壮观古老的树木，以及伊钦溪畔可爱的灌丛。伊钦溪是艾萨克·沃顿最青睐的垂钓之所。据记载，在这片森林中，瓦尔凯林主教（征服者威廉的亲戚）得到了重建温彻斯特城堡（最初建于公元 169—980 年）的橡木。这些木材被用作修建从教堂西翼到高大的塔楼这一部分，包括教堂的十字形耳堂。故事是这样的：重建工作有条不紊地进行着，瓦尔凯林主教却因为木材匮乏而心焦。他向征服者威廉申请了一笔资助——威廉没有多想便答应了——资助的形式为：允许他在四天四夜之内，砍伐和搬运尽可能多的木材。瓦尔凯林将附近所有的伐木工召集起来，在规定时间内，砍掉并运走了森林中所有的树木（福音橡木区的树木除外，据说圣奥古斯丁曾在该区传教）。几天后，国王回到温切斯特，四处寻找那片林地，并说自己要么是眼睛看到了幻象，要么是神志不正常，因为不久前还存在的那片森林，如今却无处可寻。然而，国王的侍从立刻向他解释了原委，国王听后，先是对瓦尔凯林感到愤怒异常，说道："毫无疑问，瓦尔凯林，我的赏

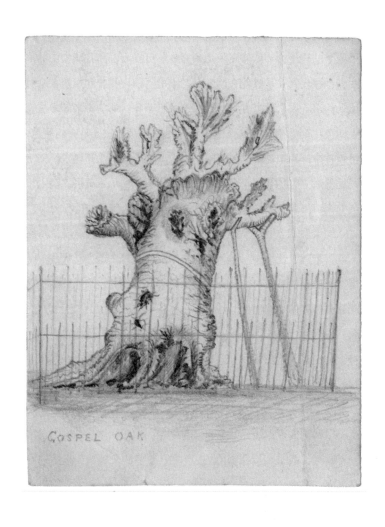

GOSPEL OAK

福音橡木素描，阿文顿，加法叶绘，1890 年

156

赐太过宽厚，而你索取起来居然毫不吝啬。"如今教堂正厅顶部采用的，仍然是由当年砍伐的木材。福音橡木区的橡木如今只剩下空空的树干，却依然在阿文顿森林中挺立着，和我印象中的那片森林相比，几乎没什么改变。三十七年前，我曾和姐姐在森林远处的溪谷中采摘报春花、猿猴草及野草莓。那些古老的木桩有十四英尺高，用坚固的铁箍围着，周围拉起了一道整齐的篱笆，将森林中这片最神圣的区域围在当中。四周是一片榛树，二三十码远的地方，是几棵壮观的园景树，周长十到十二英尺，高六十到七十英尺，分布均匀，或许是这林中长老级别的树木。

结束在福音橡木区的朝圣之旅，我便在山丘上漫步，一路下坡，来到伊钦溪畔，又朝着俏丽的阿文顿村庄走去。那是一个星期天的早晨，天气晴好，一切都似天堂般美好，阳光明媚，鸟儿躲在高大的酸橙树、白蜡树、榆树、枫树以及山毛榉上放声高歌，附近教堂响起了钟声，召唤着罪人前去忏悔。这些古老的钟声十分悦耳，但我并没有遵从它的召唤，心中不免生出一阵负罪感。可是我又无法割舍森林中上帝亲手创造的美妙现实，以及那片静谧非凡的美景：那片玉米地、温馨的农庄、静静觅食的牛群，以及无处不在的、可爱非常的风光。

此刻，我只能借用 H.G. 亚当斯的文字，来描绘英格兰的八月风光：

猩红色的琉璃繁缕悄悄伸展

在这里或那里

在谷物中间，罂粟涨红了脸

条条小溪的边缘，隐现着珍稀的睡莲

紫色的千屈菜和花蔺

忍冬正在盛放，空中弥漫着芳香

泻根的叶子修饰着，绿色的树篱

它们中间，可以偶然瞥见

蓝盆花和淡淡的剪秋罗

以及状似喇叭的旋花

蓝色的风铃草，野生的菊苣

和黄色的柳穿鱼

装点着平原，仪态万千

怀着感恩与好奇

我们望着，成熟的谷物田

在索尔兹伯里，我瞻仰了雄伟的大教堂，以及十英里之外，大草原上的巨石阵。接下来，我回到伦敦，休息了几日，又继续前往肯特郡和萨塞克斯郡。

频繁地乘坐火车出行，令人无比疲倦，况且我时间有限，无暇在伦敦的各大公园和园林耽搁太久，经常是刚离开某地，便匆匆赶往下一处。若是能多待上一日，我愿意付出任何代价。除少数情况外，我只能在最美的私人园林中逛上几个小时，因此错过了许多我可能感兴趣的景观。

萨塞克斯郡的东格林斯特德附近，有一片占地八百英亩的庄园——格雷维提庄园。这是一处乡间宅邸，主人是 W. 罗宾逊先生，著名园艺杂志《园林》的主办人。这是一处令人愉悦的所在，周围的景致丝毫不逊色于英格兰任何地区。风景如画的庄园有三百多年历史，扩建之时我恰好在场，建筑是伊丽莎白时代的风格，内部收藏着一些珍稀的艺术品。庄园的改建费用高达一万英镑，历经多年之后，这里成了"如画园艺"的上等典范。四下里地势起伏，在庄园的大部分区域内，或是在屋里，或是在山丘上，可以饱览肯特郡、萨里郡及萨塞克斯郡大部分的美丽风光。作为一名园林艺术家，罗宾逊先生拥有足够的能力、知识和品位，能够在庄园四周创造出最怡人的景致；作为纯粹、简约之野生园艺的热心追求者和倡导者，他展现出对这种园艺风格的热爱，让它体现在这座庄园的很多地方。他种植了大量耐寒的欧洲水仙、雪花莲、雪片花、贝母、蓝色银莲花（舟瓣芹）等，这些植物都在早春开花，眼下时节特别惹眼，在割草的季节尚未到来之时，就会纷纷凋谢。庄园里的游乐场经过改建和扩建，在游乐场较高的区域，生长着一些枝叶招展的古树，树龄有几个世纪之久，部分被多余的下层灌木所遮挡，但在宽阔的草坪的掩映下，却突出了它的迷人，怪异的枝干巧妙地伸展出去，若是爬到上面，或可一窥远处绿色的山丘，或长满橡木、山毛榉以及冷杉的山坡，或是附近三郡的溪谷小丘——这些风光浸染着丰富的色彩：褐色、黄色、绿色，渐渐融入一片灰白。

　　宅邸不远处有片草坪，一大片花圃向外伸出，直通草坪。花圃里种着草本紫菀，后方是精挑细选的灌木。我造访此处时，这片花圃呈现出最迷人的色彩组合：蓝色、紫色、淡紫色、白色，等等。这类紫菀被称作"米迦勒雏菊"或"繁星草"，园艺家所知的品种大概有八九十种，包括变种和杂种，而眼前这片花圃中至少囊括了五十种。每一种颜色似乎都逐渐过渡到另一种颜色，繁复且多样的色彩杂糅一处，波浪般起伏着——的确像波浪，因为有些花朵高达五英尺——明艳的色彩逐渐衰减，过渡到星星点点的乳白色。较之于那些种植在圆形或方形花圃当中色彩俗丽且对比强烈的花朵（如深红色、黄色、蓝色），这里的花圃形状不规则且花的种类单一，颜色丰富却并不俗艳，可以说，这种布局的艺术性要远远超过前者。还有一处设计效果颇佳——成片的冬青树，大概二三十种之多，分布整齐（结着绿色或颜色斑驳的莓果），中间生长着桂竹香，再过一段时间，桂竹香就会营造出无比可爱的美学效果。格雷维提庄园的一大盛景是茶玫瑰，长势近乎完美，作为私人园艺品，它们在英格兰可谓罕有其匹。

March 1898

离开赛文欧克斯后，我动身赶往萨塞克斯郡，在前往布拉希勋爵宅邸（位于诺曼赫斯特）的路上，我在克里夫兰公爵的战役修道院盘桓了一阵。在这里，让我感兴趣的不仅是生长在修道院周围那些耐寒且具有异域风情的植物。令我无比欣慰的，还有这里的历史感，以及周围的环境。众所周知，在那个毁坏的小教堂里，在主祭台所在的位置——国王哈罗德摔落马下并遭受了致命伤。这就是历史上的黑斯廷斯战役。整栋建筑都坐落在一片露台上，提到露台前的风景，克里夫兰公爵夫人说："就历史意义而言，在这露台上看到的风景，鲜有与之相媲美者。黑斯廷斯战役的战场就在我们脚下；我们所站之处，恰好是哈罗德国王当年的位置。当年的征服者威廉，先是穿越了东面那片高地，然后沿着黑斯廷斯的道路来到了这里。在最高的那座山丘，泰尔汉姆丘上——覆盖着小片森林的山脊，仿佛从近处那片杉树林中拔地而起——他第一次看到了撒克逊人的营地，然后向天举手起誓，如果上帝保佑他获胜，他会在那里建造一座大教堂和一座祈唱堂，为死者的灵魂祈祷。"

最先吸引我注意的，是一些不同寻常的植物，它们生长在一座英式花园的外面，离哈罗德祈唱堂的废墟不远，其中包括来自新西兰的澳洲朱蕉，高度在九到十英尺之间，以及澳大利亚溪谷中的软树蕨——生长在山毛榉和黎巴嫩雪松投下的荫凉中，它们已经在这里忍受了七个严冬的考验。当年修道院中的一个古老的露台保存了下来，目前已经加固。经过引导之后，一些植物爬满了露台，其中有银合欢（我们国家的银荆树），以及红千层（澳大利亚红毛刷的一种），两者形成一道绝美的植物墙，似乎并不需要篱笆的保护。澳大利亚园艺兄弟会所熟知的两种植物，巴巴多斯花墙和墨西哥的瓶儿花——后者绽放着一簇簇紫褐色的花朵——也采用相同的方式布置。此外，花墙上还有气味芬芳的攀缘类植物，如藤飘香、秋分草、素馨茄及八月瓜。这面"墙壁"的根部，即所谓的下层平台部位，生长着茂盛的开普敦金银花、非洲百合、剑叶兰和垂筒花。那株美丽的墨西哥植物——丹参鼠尾草，或正苗壮成长，周围的狭长土地上，生长着罗贝利、黄色的蒲包草，以及多种颜色的秋海棠。

英格兰的这片区域，与德文郡和康沃尔郡一样，夏季温暖，冬季温和，正是因为这种气候，战役修道院及其周边地区才会生长出美丽的观花灌木和攀缘植物，而在其他地区，这些植物只能在温室中培育。会客厅的墙壁上，智利钟花正纵情绽放。古老的寝室内，智利悬果藤和苏格兰地区常见的、更为耐寒的旱金莲，交错着生长在一起，明艳的花朵与优雅的叶子形成一道愉悦的景观。一座四十到五十英尺高的塔楼上，覆盖着日本地锦，叶子呈深红色和黄色，堪称华丽的奇观。修道院里有一片草坪，边缘种植着精挑细选的杜鹃花。正对着这片草坪，用棚架（十八到二十英尺高）支撑在修道院东南墙上的植物，分别是广玉兰、齿叶美洲茶（又称一片蓝）、墨西哥橘（白花，有香味）、美洲西北部的丝缨花、忍冬、木香、香桃木，以及石榴树——它的枝干为其他

1.

To Sr. THOMAS WEBSTER Bar.t

Proprietor of this ABBY.

This Prospect is humbly Inscrib'd by

his much Oblig'd Serv.ts

Sam.l & Nath.l Buck.

战役修道院，西南方视图，萨塞克斯郡，1737 年

THIS Abby standing on ye very Spot of Ground on which King Harold fell was founded by the Conqueror in
Memorial of his Victory & that Prayers might be made for ye Souls of ye Slain He dedicated it to St Martin &placing
therein Monks of ye Benedictine Order bestow'd upon it his Royal Manour of Wye, which according to ye Chronicles of
this Abby contain'd twenty two Hundreds, and granted it many ample Privileges, among ye rest Exemption from Episcopal
Jurisdiction, which with all ye others not taken away by Act of Parliament it still maintains. It was a large & Noble
Structure as may be judged from ye Gateway (still entire) and ye other Remains. At ye Dissolution it was much
defaced. Soon after that Sr Anth: Browne & his Son Anthony Lord Visct Montacute built ye stately Pile on ye south
Side now become ruinous. It continu'd in that Noble Family till lately purchas'd by Sr Thos Webster Bart It had
the Honour of ye Mitre & was valued at {£s. 4. 2. 2. Dn.   987.0.2.2.Dn.}

Sam'l & Nath: Buck del. & Sculp. Publish't according to Act of Parliament March 5th 1737.

战役修道院，黑斯廷斯，约 1885—1890 年

攀缘植物，如紫藤、五叶爬山虎、茉莉、旱金莲、铁线莲和吊钟海棠，提供了支撑。这些植物彼此勾连，形成一道色彩丰富、图案多样的帘幕，这在任何建筑，或任何一道墙上，都是很少见到的。

在这座可爱的花园中，零星分布着许多壮观的苦栎，中间又种植着辐射松和大果柏木，产生了最具画意美感的效果。贯穿这座园林的是一条美丽且具有历史意义的小河——阿斯滕河。

阿斯滕河曾染满了英国人的鲜血，

当土地被零星的雨点打湿，

这些惨死之人的记忆中，河水就会泛红。

布拉希勋爵那片美丽的私有地——诺曼赫斯特庄园，距离战役镇只有四到五英里。气势恢宏的庄园建立在一片山坡上，从那里可以看到一片广阔的风景。近处是密密的林木，有金叶的冬青、紫杉、接骨木、叶子呈青铜色的梅子树、榛树、柳杉、山毛榉、白色与亮绿色相间的枫树；与之形成对照的，是一片片，或一簇簇深绿色叶子的杜鹃、地中海荚蒾、月桂树、鲜绿色的橡树，以及略带青色的云杉。树丛下方是花圃，里面种着映山红、山月桂、欧石南和鼠刺。透过枝叶的间隙，可望见不远处的卡茨菲尔德小村。宁菲尔德镇与战役镇位于左侧的更远处，顺着地势起伏的南唐斯丘陵，可望见十二英里之外的黑斯廷斯，然后沿着海岸线，穿过佩文西村、伊斯特本镇，再朝着比奇角望去，偶尔会看到英吉利海峡那蓝色的地平线。

必须承认，诺曼赫斯特庄园的英国树种并没有什么令人瞩目的特征。没有高大雄伟的橡树、山毛榉、酸橙树或榆树，在这一点上，肯特郡的诺尔庄园，或是山那边的阿什伯翰伯爵的庄园则截然不同。不过，在圆形的沙丘，以及绿草盈盈的山坡上，松树却长得近乎完美。布拉希勋爵将英国境内所能见到的各类树种，经过细心筛选之后，汇集到这座庄园中来，尽管这些树还没有成年（第一批栽种的园景树不过二十四年），但生长速度却令人惊叹。到处都能见到壮观的冷杉、松树、柏树、桧树、雪松、红豆杉、落叶松、柳杉、侧柏、红杉及罗汉柏等。事实上，庄园中几乎能看到所有珍稀的耐寒类树种，更为娇贵些的树木则安置在背风地带，拥有足够的空间自由生长。这里的树在体型和美感上，完全可以与白金汉郡德普莫尔公园，或之前提到的园林中的树木相媲美。

松族类树木是庄园内的主要植被，这类树木的枝叶、习性及颜色均不相同，因而也不存在单调之嫌。在总体分类和安排上，凸显出良好的判断力和品位，设计者显然对光影效果进行了研究，背景设置也颇为讲究，就连草坪上孤零零的园景树都拥有各自的背景。此外，设计者显然花费了一番心思，才通过枝叶色彩的和谐，营造出美感。为确保景观的多样性，确保能看到庄园外部园林及附近山区的最佳景色，特地在某些区域引入了矮灌丛，从而创造出良好的审美效果。在一簇簇或一行行的松树附近，偶尔出现成片的杜鹃花、冬青、月桂，或类似的常青植物，而线条优美的云杉、柏树或杜松，则朝着草地上的这些植物，伸展出优美的枝干。

在更加陡峭的山坡上，橡树、杨树、枫树，以及各类落叶树，包括紫色的山毛榉，与松族类树木巧妙地融为一体，彼此的枝叶交相辉映。在地势较低的区域，近乎蓝色的诺比利斯杉、更为明艳的北非雪松（又名"银雪松"），以及贯穿其间的、翠绿色的阿伯缇娜杉，颜色更深的针枞、东方云杉、日本冷杉、高加索冷杉、史密斯杉、大果冷杉和希腊冷杉等，呈现出丰富而多样的色彩。或许更为显眼的是，那些成片的、紫铜色的日本柳杉，与之形成对照的是，形态各异的罗汉柏，两者都来自日本山区，矗立在一片愉悦的背景前方。背景中的树木主要包括：辐射松、附近的南洋杉、柏树——美国扁柏、西藏柏、巨杉、红杉，以及松树——欧洲黑松、北美乔松及诺福克岛松。

前文说过，诺曼赫斯特庄园的英国树种缺乏令人瞩目的特征，不过，附近的阿什伯翰伯爵庄园则截然不同，后者拥有大片的林地，山谷中生长着壮观的橡树、白蜡树、山毛榉、白桦树及鹅耳枥。这些树木高大挺拔，树干像是船的桅杆，又像是澳大利亚山区的桉树，各自挣扎着获取阳光。

庄园里松树的代表，只有几棵著名的树种，英国境内任何地方都看得到，有些树无比庞大，特别是赤松和白枞。山坡上的一棵白杨已经长到了一百四十英尺的高度，成为附近区域的地标。在一片地势起伏、占地八百英亩的鹿园中，栽种的树木主要是山毛榉，它们在很多地方都能见到，树荫中见不到一叶青草，因为枝叶过于密集，只有欧洲蕨才能在阴凉中茁壮地生长。从这里可以望见一片令人陶醉的景色：溪谷中矮林丛生，林间的空地里，樱草花、猿猴草、秋牡丹和风信子，享受着天然的孤独，幽幽地生长；山谷中生长着一行行美艳的山楂树，穿过山谷，在一英里外的丘陵地带，小山丘上覆盖着橡树和山毛榉。对于一个热爱大自然的人来说，眼前的景色是无法用语言述说的。我的心中涌起一阵陶醉和狂喜，以及一种类似宗教般的敬畏，希望这处可爱的风景能永远存在下去。

庄园巧妙地坐落在山谷中的一座小丘上，翡翠色的草坪，点缀着枝干招展的雪松、巨人般的山楂树和常绿橡树。沿着陡峭的山坡一路向下，是一片迷人的湖水，面积在二十五到三十英亩之间，湖水几乎将整座庄园包围其中。的确，从某个特定的角度看去，庄园仿佛坐落在一个小岛上，只有一条地峡将它与外界连接起来。

这片湖水有块狭长的区域，像条蜿蜒的小河，岸边长满了芦苇、灯芯草和莎草，水面上横跨着一座桥，继而，湖水分汊，形成另一片湖。但由于冬青、杜鹃花、酸橙树、白蜡树、柳树，以及山毛榉太过密集，形成几片断断续续的小树林，因而另外一片湖水几乎消失在视野当中。

April 1898

在伦敦及周边地区度过两三周之后，我动身前往爱丁堡。在那里，我得到了很多绝好的机会，可以对皇家植物园和树木园进行审视。这座皇家植物园由 J. H. 巴尔弗教授管理，他的助手及馆长，是才能卓著的 A. 林赛先生。1670 年，皇家植物园还叫作药材园，由安德鲁·巴尔弗博士（后被封为爵士）、罗伯特·西巴尔德爵士创建。第一任负责人是詹姆斯·萨瑟兰先生，1683 年，他将园内植物编入目录并出版，收入植物种类多达三千。这座园林先后于 1763 年、1819 年两次搬迁，最终迁到印佛里斯，定于现在的这个位置。皇家植物园和树木园之间，隔着一道高墙，占地面积约六十英亩，园区主体为二十五点五英亩。两座园林中均收集了大量的植物，并提供用于植物学研究的各类设施。事实上，它们俨然可以作为从事植物学研究的高等学府，专攻这门迷人学科的学子们，可在这里随心所欲地自学，毕竟面前就是大量的实物教材。但它们的价值并不局限于此。这里也是一个空气清新且纯净的休憩场所，可以让人精神振奋，让身体状态复苏。

主入口位于园区东北角，馆长的房屋、植物博物馆及教学室都在那里。博物馆里的样本大多来自巴尔弗教授及其弟子的贡献，用于植物形态、植物结构、经济及药用植物产品等方向的教学。这些标本陈列在玻璃覆盖的桌子上、箱子里，有些是根据果实或相互间的关系分类，一类是经典文献中的植物，还有一类是化石植物，其他则是植物王国中杂七杂八的产物和产品。

克雷格米勒城堡，爱丁堡，1829 年

　　结构植物学、形态植物学，以及生理植物学等学科，在教学的过程中进行了简化，或降低了难度，采用蜡质模型，或是储存的植物样本。对于植物学专业的学生而言，这座博物馆中最有趣、最实用的藏品，是那些用混凝纸做成的花朵（在有些情况下，体态大小是自然花朵的九倍或十倍），用它们可以说明植物的类属。一系列的属种，从毛茛科开始，按照毛茛、铁线莲、花毛茛的顺序排列，以禾本科植物结束，排列整齐而优美，学生可以将这些纸花拆开，弄清各个部分及之间的关系。隐花植物或无花植物，如蕨类植物，都采用风干的样本和图示进行了详细的阐释，藓科或苔类植物、石松科植物、木贼科植物、藓类植物、苔类植物、地衣等，也不例外。真菌和蘑菇类植物则使用模型，或是酒精中保存的样本进行说明，至于海草，以及较低等的植被生命，也都进行了展示，没有被遗忘。木贼属植物当中，共有十六种，均种植在开阔地带的草本植物分类区。

　　这座园林的布局和管理令人仰慕，它不仅是一座科学宝库，更拥有美丽的小草坪、各类景观和植物。灌丛中的小径曲折而蜿蜒，树木十分有趣，在印佛里斯展览中心（旧称庄园，是管理员的宅邸）前方的树木园内，可以俯视爱丁堡的壮美风光。从那里可以看到一幅现代雅典的完整景象：爱丁堡城堡、亚瑟王座、圣吉尔斯大教堂的尖顶、圣史蒂芬大教堂、卡尔顿山，以及沃尔特·司各特爵士纪念堂，各自鲜明地矗立着。黛色的彭特兰山脉巍然挺立，让这片画意十足的风景更增风致。

近处的美景要数树木园，形形色色的绿植，从陡峭山坡的底部开始蔓延，所有耐寒树木和灌木均按照各自的类属分组，种植在形状不规则的苗圃上。教学区只囊括了草本植物和一年生植物，全都按照植物学顺序排列，分布在狭长的苗圃上。这些安排与《植物属志》（胡克与本瑟姆合著）中阐述的原则相符，以便学生获取信息。开花植物、岩生植物、高山植物等，种类多达上千且经过精挑细选，尽管陈列方式过于死板，却便于学生观察。

假山园并没有经过艺术设计，仅仅是一片梯形的斜坡，坡上设有台阶。园内有数千个方形或长方形隔间，里面生长着高山植物、低矮的草本植物，以及小型灌木植物，其中几处新西兰的植被长势良好。

这证明了，如果关注并了解植物的习性，是可以对这些植物进行成功栽培的。最高处种植着丝兰、朱蕉、菲律宾铁青树，以及来自世界各温带气候区、长势旺盛的各种灌木。地势更低的区域，大部分用于种植春秋两季的球茎植物。

在园区的各个部分，英国树木、药用植物、禾本科植物，以及生长在幽僻角落或树荫下的大量耐寒蕨类植物，均采用分类栽培。草坪上是形状不规则的花圃，里面种着上百种玫瑰。园区中心部位是一个半圆形的湖，里面长着水草，以及更为艳丽的睡莲类植物，如万维莎、黄睡莲、水蕹、慈姑，等等。据说，分布在植物园和树木园的松树有三千多种，尽管偶尔也能见到几棵优质的样本，但多数都处于拥挤状态，缺乏足够的生长空间。由于这座城市烟尘较重，如果不加以保护或遮蔽，很少有哪种树木能够苗壮成长。

　　树木园有一片冬青苗圃，培育着常见的英国冬青，种类不下七十种，均为绿色，但形态各异，都是我所见过最优秀的品种。在我参观的时候，有些冬青正结着金黄色的莓果，与那些结着深红色果实的冬青形成鲜明的对比。园中还有大量的山楂树、梨树和车轮棠，均根据各自的类属分成小组，此外，培育着一些杂交品种，由于种类过多，有时很难判断是由哪些树种杂交而成。

　　玻璃温室培育着丰富而多样的热带、亚热带植被。这座绝好的设施里，容纳着数千种植物，若要一一列出名称，无疑要付出额外的努力才行。棕榈室长一百英尺，宽六十英尺，高七十三英尺，屋顶为拱形，室内室外均设有展廊。通过室内展廊，公众可以看到茂盛的枝叶，它们相互交织在一起，甚至将下方的许多珍稀花卉遮挡起来。这里有壮观的西印度群岛蒲葵、中国蒲葵、锡兰贝叶棕、几内亚油棕、西印度群岛菜棕、椰子树、野生印度海枣、《圣经》中提到的椰枣，以及其他棕榈类植物，高度不尽相同（有些高过展廊），宽大的叶片尽情延展，遮蔽着下方同样茂盛的植被——来自诺福克岛、新西兰、澳大利亚，以及西印度群岛的树蕨。在没风的时候，阿比西尼亚蕉树的叶子会连群成片，壮观非常。

May 1898

在一大片温度各异的温室当中，有几间专门用来培养经济作物、兰花、蕨类植物、热带树种、澳大利亚及新西兰的半耐寒树种，等等。在宽敞的植物标本室内，样本按照自然属种和地理分布陈列在柜子里。来自英国、欧洲、小亚细亚、巴勒斯坦、叙利亚、东印度群岛、中国、日本、南北美洲、澳大利亚、新西兰、非洲、阿比尼西亚、阿尔及利亚，以及北极地区的植物，像图书馆中的书籍一样陈列，以便读者查阅。

爱丁堡的中心园林被称作"王子街花园"，坐落在一面巨大的石崖正下方，崖顶傲然矗立着爱丁堡城堡，像国王一般俯视着下方的一切。幸运的是，植物学方面的老学究和专家们没有机会染指那些高贵的岩石，尽管有些"改造派人士"建议，应该将岩石凿成台阶，或是塑造成自命清高的几何形。这些园林占地近乎三十四英亩，分为三个部分，第一部分与市场相关，仅用于培育花坛植物和盆栽植物；第二部分覆盖着花卉和灌丛；最后一部分从布局方式来看，更像是位于下方的一座公园，地势比街道还低，公园里贯穿着一条小径，两侧的山坡长满了常青藤，一路向上，延伸到王子街。许多蜿蜒的小道通向圆形的花圃，花圃四周芳香扑鼻，里面生长着耐寒的花朵和植物，不过栽种的常青树长势并不理想，这主要是受到湿润的冷风，以及城市里尘污的影响。草坪上搭建了一座乐队演奏台，一个避雨遮阳的小屋，还有一座大喷泉，但这些并没有给周围的景致增添美感。地势较高的区域有座假山，不过说实话，这座假山不如撤掉为妙，因为与大自然创造的壮美山川相比，人工假山只能显得卑微而俗气。

作为一座公众园林，它的独特之处在于，园中有一小片荒芜的土地，被野生的荆豆、欧石南和圆叶风铃草所覆盖。这片土地位于一座小山丘——亚瑟王座——的高处，俯视着山脚下那片大约一平方英里的土地——女王公园。

还有一座类似的山丘园林——卡尔顿山园林。与王子街花园相比，这座园林所处的位置并不太高，山顶岩石丛生，长满了攀缘玫瑰、铁线莲和常青藤，占地二十点五英亩。山顶是一座仿照雅典巴特农神庙的建筑，但尚未完工。

服务于大众娱乐的场所，还有以下几处：卡尔顿山附近的摄政公园，占地三英亩；南面则是"麦道斯"公园，占地七十三英亩；布伦茨菲尔德林克斯高尔夫球场，占地三十二英亩；西北方是斯托克布里奇步道，占地二十英亩；位于市中心正南方的是布莱克福德山，站在高峻的山巅，可以俯视下方的壮丽风光，占地一百七十英亩。除此之外，还有不少广场和公共场所，总计面积约十英亩，装饰合理且管理妥善。

身在爱丁堡期间，我得到了许多参观的好机会，因此便充分利用，在苏格兰首府的周边地区，参观了许多气势恢宏的城堡和礼堂。

达尔基斯宫距爱丁堡约六英里，是巴克鲁公爵的主要宅邸。12 世纪至 14 世纪中期，那座古老的城堡为格雷厄姆家族所有，1369 年的圣灵降临节宴会上，国王将城堡赏赐给道格拉斯伯爵，而对方只回敬给国王一副白手套，或者说，只值一个银币的白手套。随后，这座宫殿又传到摄政王莫顿手中，他对宫殿进行了扩建和加固，1642年出售给弗朗西斯·司各特，巴克鲁公爵二世。当前的建筑，是18世纪早期，范伯鲁为巴克鲁女公爵、蒙茅斯公爵夫人——安妮——修建的。这是一座迷人的宫殿，它的园林和葡萄园也在众多园艺家中具有很高的知名度。

这里的园林占地约一千英亩，四周环绕着篱笆，园内种植着许多绝好的树木，其中，那些或单独矗立，或成群成片的椴树，极为壮观，引人注目。除公共道路外，园中还有长达几英里的小径，在树林和花园中蜿蜒前行。这座园林本是加里东古森林的一部分，生长着许多虬曲的橡树和其他树木，周围长满了欧洲蕨，营造出一种独具画意的野性。那些离城市如此之近的公园，很少有这样的风光。在园区的各个角落，分布着一些优质的紫杉和黎巴嫩雪松，高五六十英尺，都是17世纪种下的。埃斯克河的南北支流，在地势起伏的园区内形成一条溪水，上方横跨一座桥，名为蒙塔古桥，桥上可以望见宫殿的壮美景象——被常春藤所覆盖，四周环绕着杜鹃、杉树、紫杉、葡萄牙月桂和酸橙树。园中还有三百余头黇鹿，鹿群堪称一道美景。偶尔见到生人，它们会惊慌失措，迅速逃进树林深处。在国王大门（乔治四世起便如此称呼）进门处不远，有一片美丽的草地，上面点缀着高大的冬青、紫杉、悬铃木和小无花果树。

园中有一片名为"荒野"的区域，令人感到愉悦。那是一个小溪谷，两侧陡峭的山坡上长满了成片的欧洲蕨和欧石南，以及冬青、黄杨、高大的白蜡树和几棵冷杉——圆锥形轮廓，枝叶极其茂盛。

与宫殿相接的园林、灌丛以及游乐场地，远远地延展开去，花坛里是深浅不一的蓝色半边莲，四周装饰着一圈黄杨，布局十分巧妙。耐寒的蒲包草分为黄色和褐红色，其间夹杂着猩红色的天竺葵。马鞭草有深红色、紫色、粉色和淡紫色，交织成一张厚厚的地毯，与广阔的白色地面、绿色的草坪相映衬，营造出绚丽的效果。

在游乐区，草坪上生长着成片的紫色伏牛花和车轮棠，直径在十五英尺左右，产生了同样持久的美学效果。在澳大利亚和欧洲的某些地区，未成年的树种和灌木，往往栽种在草坪上，如此一来，青草被夺去养分，变得干枯委顿。但这里的做法却不同：圆形的苗圃与草坪隔开，在装饰性的植物周围施以肥料。我在苏格兰见到的、外形最佳且长势最好的金链花（有一棵金链花的干围达到了三英尺），都在达尔基斯园林，虽然在我参观的时候，它们并没有开花，但我想象得出，若是在开花季节，在园区周边那些深色的云杉等树木的掩映下，它们会营造出多么绚烂的效果。不过，这里的树木并没有庞大的体型，三棵雪松的高度超过八十英尺，其中一棵的周长为十八英尺（距地面二十英尺处）。有一棵山毛榉，高一百三十二英尺，一些酸橙树，高一百三十英尺。此外，还有几棵——或许是苏格兰最好的——白果树，在中国北部和日本，被叫作银杏，高四十五英尺，枝叶招展，外形匀称。

园区主体面积为三十英亩，还有几英亩的草地，大量的桃树、葡萄、无花果、香蕉、菠萝及其他水果，种植在专门的温室内。

离开达尔基斯宫之后，我来到了大约一英里外的新战役大教堂，这里是洛锡安侯爵的领地，也是苏格兰南部最有趣的庄园之一。南埃斯克河从这座庄园横穿（约两英里）而过，园中高大的树木和风景画般的森林远近闻名。在我看来，那些高大的山毛榉、悬铃木、小无花果树及马栗树，正各自伸展着臂膀，挺立在青翠的草坪上，小无花果树细碎的青铜色枝叶，与紫色的山毛榉交相辉映，为这片多样且迷人的风景，增添了无穷无尽的色彩，此情此景实难用言语描述。这里生长着一些苏格兰地区最壮观的树木，最惹眼的是那棵高大的山毛榉和小无花果树，两者被誉为"洛锡安地区的骄傲"。我时常在书上读到关于这两棵树的记载。那棵小无花果树的周长（距地面五英尺处）为二十四英尺，而那棵山毛榉为二十七英尺。后者正对着宫殿，大概有六百年的树龄，低处的枝干垂到地上，并在草地上伸展开来，由此形成一个直径为三百七十五英尺的圆形区域。据说，在这棵树的树荫下，曾经聚集了三四百人。离小无花果树不远的地方，有一棵马栗树，干围十八英尺零四英寸。紫色的山毛榉在绿叶植物的映衬下更显美丽，特别是后者变黄的时候，一定会给澳大利亚的风景园林增添靓丽的色彩。不过在墨尔本及其周边地区，这种树只能勉强生存，无法茁壮成长。十年前，墨尔本的植物园林曾种植过

达尔豪西城堡，中洛锡安地区，1887 年

一棵山毛榉，但长得非常矮小。要想得到这样的色彩，或许只能种植紫叶的梅子树——美洲或加拿大梅子树的变种，成熟后能够长到十五至二十英尺高，但这种树外形挺拔，缺少山毛榉优雅的曲线。

宫殿前方有一座风格古板的花园，里面设有方形、椭圆等形状的花坛，用十分老套的手法展示着花朵和花叶。这类花园在整个英国都十分常见，往往设置在大型宅邸附近，但我并不喜欢这种风格，拥有如此壮丽的自然风光，却偏偏用人工手法来再现自然，实在是一种亵渎，更是一种缺憾。

南埃斯克河流经的地区中，也包括达尔豪西城堡，达尔豪西伯爵（科彭区的领主）的领地。这是一座古老的苏格兰城堡，后改建成了一栋无比美丽的宅邸，周围的风景十分雅致。这里种着一些极好的酸橙树和山毛榉，以及我所见过的、最美丽的飞燕草（高达八九英尺，体型庞大，蓝色，从龙胆的深蓝色到天蓝色，深浅不一），后方是一片金黄色的接骨木，是英格兰和苏格兰地区常用的造景植物，不过，它的色彩并没有被鲜明地表现出来，若是在阳光明媚的澳大利亚，夏季的接骨木足以令人眼晕。金黄色的枝叶与翠雀的蓝花形成鲜明的对比，在苏格兰杉树和高大的马栗树的映衬下，这种对比越发明显。眼前诸般风景，全都被细细的铁丝网围在当中，呈现在城堡面前，俨然一片田园风韵。几只鹿，几只羊，或几头壮硕的牛，在草地上觅食，为这宁静的风光增添了一分画意。

June 1898

北埃斯克河的河畔，坐落着一片地势起伏的、美丽的园林，距离那个以毛毯制造业闻名的小村——拉斯韦德村大约一英里远。这就是梅尔维尔城堡，梅尔维尔子爵的宅邸。三条大道通向城堡，以及城堡内的园林。园林中矗立着一座简洁而美观的建筑，远处围着一圈圈枝叶茂盛、绿荫浓浓的树木，远远望去，倒像是古罗马的竞技场。河畔的山坡和小丘上也覆盖着树木，主要是橡树、酸橙树、马栗树、山毛榉等落叶树，根据其体型判断，树龄一定很高。与附近的许多庄园一样，这里的园林也曾是加里东古森林的一部分，后来，命运悲惨的苏格兰玛丽女王，在这座城堡里住过一段时间。有一棵树上标记着它的名字——"玛丽女王的橡树"，据说，利兹欧曾在这棵树下为不幸的女王弹奏竖琴。这棵树的干围达二十二英尺，叶子已然掉光。园区面积共计七八十英亩，但由于地势起伏且包括树林溪谷，真实的面积似乎要大得多。高墙和常青树构成的篱笆，将园林严严实实地包裹起来，园内种着各类精挑细选的植物，其中，壮观的杜鹃（爪哇著生杜鹃和树形杜鹃的杂交品种）在灌丛中显得特别惹眼。

在爱丁堡正西方的十一二英里处，距离昆斯费里港口一点五英里，靠近埃德加港，在福斯湾北岸，矗立着霍普顿宫。这是霍普顿伯爵——新任维多利亚州总督——的一处宅邸，四周是公认为苏格兰境内最迷人的风光。从霍普顿宫可以看到福斯湾、湾内的小岛，以及举世闻名的福斯桥等景观。这座宫殿的园林免费向公众开放。园林的一端是昆斯费里港，那里连个像样的门禁都不曾设立。

这座高贵的宅邸由威廉·布鲁斯爵士设计，作为一名建筑师，他还建造了荷里路德宫的现代组成部分。这座宅邸比墨尔本的总督宅邸更大，于 1696 年开始动工，18 世纪中期增建了两个侧翼。主体建筑共分四层，两个侧翼由一条精美的柱廊连接起来，侧翼四周是穹顶塔楼。宅邸前方是一片广阔的草坪，后方是一个人工湖。绿油油的阶梯地势，恰好与福斯湾平行，无限风光尽在眼底，不仅能一览福斯湾全貌，更能看到奥克尔山（挺立在斯特灵堡与福斯湾之间）。这片区域的整体风貌中，最具画意且气势恢宏的，除了一些高大的、常见的景观植被，如榆树、白蜡树、马栗树、山毛榉、酸橙树和小无花果树等，还有种植园内四处搜罗的珍稀树种。其中一座种植园叫作松园，种植的各类树木中，有一棵黎巴嫩雪松值得一提。这棵树于 1798 年栽种，干围超过二十三英尺（离地五英尺处）；此外，还有两棵古老的紫杉，据说树下埋着两位英雄的头颅，他们在四百年前的"誓约起事"[①] 中英勇就义。

还有些树木是皇室成员栽种的，如丹麦国王、波斯国王等。高大的橡树堪称典范，其中包括奥地利橡树、土耳其栎、欧洲栎，以及许多常绿品种。有些冬青的高度在二十五至三十五英尺之间，花楸树和山梨树的体型较为寻常，长势最盛的要数美国梧

---

① 译者注：苏格兰誓约派反对英格兰国王残酷迫害的武装斗争。

桐和落叶松。据说，曾有人看中这里的梧桐，打算花四十英镑购买一棵，加工成木材。

松园内种植着几棵优质的智利南洋杉、加州红木、"加州常绿红杉"（高三十五英尺）、巨杉、美洲西北白雪松、印度雪松，以及来自阿尔及利亚阿特拉斯山脉的北非雪松。松属植物种类繁多，包括柏树、杜松等类似属树木，大多种在一处，但有充足的间距供各自生长。在一片精心打理的草坪上，零星散布着一棵棵粗壮的云杉：高加索冷杉、道格拉斯冷杉、西班牙银杉、加拿大云杉、阿伯缇娜杉、格兰迪斯杉、东方云杉、银冷杉、加州红冷杉、长叶云杉、诺比利斯杉，以及其他种类，高度在二十至五十英尺之间不等。透过这些树木，望向远方丛林密布的园林，所见者都是秀丽的风光。在高大的山毛榉、榆树、白蜡树的荫凉下，偶尔可以看到一群群温顺的黇鹿、赤鹿，以及品种优良的牛群。

园区内的主要甬道都被惬意的树荫所覆盖。北通道位于海湾的旁边，坐落在陡峭的山坡边缘，是诸多梯级步道中的一条。这些步道通向许多小隔间，隔间内设有糙木座椅，从那里可以极目远眺，望见西北方四十英里外的罗蒙德山。其他几条步道也同样有趣，从壮观的杜鹃花丛中穿过，头顶有高树遮阴，草地上点缀着雪花莲、樱草花、水仙花，以及其他半喜阴植物。

花园里长满了各类植物，寻常的、古典的、珍稀的，琳琅满目。独特之处在于那座俏丽且高贵的玫瑰园。在一片美丽的灌丛中，我发现了毛瓣黄花木，一种维多利亚州还没有引入的植物，末端长长的总状花序为艳黄色。它们或许在维多利亚州会比在苏格兰生长得更为茂盛。总体而言,在这片区域当中,自然与人文艺术相结合,创造出一片最雅致的风景园林。我在英国见过不少这类园林,但很难用文字——尽述,或是相互比较,因为每座园林各有其美丽之处,在很多层面上,是其他园林无法超越的。

东洛锡安区的奥米斯顿村附近,坐落着奥米斯顿宫,同为霍普顿伯爵的一处宅邸。我去那里主要是为了观赏园中历史悠久的树木。我常在书上读到过有关威沙特紫杉的传说。据传,宗教改革者乔治·威沙特曾在这里的威沙特紫杉树下布道。1514年,他在奥米斯顿被波斯维尔伯爵捕获,最终走上英勇就义之路。据说,这棵树已经有六百年的历史,(距地面五英尺处)干围为十八英尺,健康状况良好,枝干巨大,直径为三英尺,树冠周长为一百八十英尺,浓浓的树荫遮盖着地面,可供四百人在树下乘凉。在园林的另一处,生长着一棵我所见过的最大的冬青,周长六英尺一英寸(距地两英尺处),至少三十五英尺高。我还发现一棵优质的酸橙树,直径十一点五英尺,高六十英尺。还有另一棵树的残骸,虽只剩下树桩,但仍然可以看出,这曾是一棵体态更为庞大的酸橙树,因为树桩的干围是二十一英尺。

提到历史悠久的树木,我不由想起,爱丁堡东南方约三英里处,距克雷格米勒城堡几步之遥的地方,有一棵古老的小无花果树,利兹欧死后,苏格兰玛丽女王曾在这里居住了几个月的时光,并常在这棵树下坐着。这棵树生长在"小法兰西村"的一条街道旁，被一堵矮墙包围着。当年，命运悲惨的女王就是躲在这个村子里藏身，并在卡伯里战役之后被俘。相传，这棵树经过修剪之后，当地的一位家具师设法弄到了修剪下来的枝干——大约装了一马车——他用这些木材制作家具，整整持续了三十年之久。

昆斯费里港附近便是达尔梅尼公园，罗斯伯里伯爵的一处宅邸，距福斯湾海岸不远。从爱丁堡到昆斯费里港的那条马路，有三公里恰好位于公园的边际。宅邸位于公园中心，四周是色彩深浅不一的绿色植物。达尔梅尼森林靠近海岸，一条小径自林中穿过，并对公众开放，成为民众散步的绝佳去处。站在凸出的岬角上远眺，可以很轻松地望见福斯港和法夫区的海岸——在岩石和丛林间若隐若现。园区的整体布局十分精巧，为春夏两季的休憩提供了绝好的场所。广阔的园林与游乐场里，并没有采用复杂且俗丽的网格式栽植体系；相反，却采用了混合花坛和花圃，看起来更适合古典花卉。所以轻而易举便能得到的花卉，如康乃馨、石竹、罗兰花、桂竹香、万寿菊、风铃草、紫罗兰、樱草花、矢车菊、金鱼草、地钱、圣诞玫瑰、福禄考、蜀葵、毛茛、秋牡丹和翠菊等，都可以在达尔梅尼公园见到。此外，这里还生长着大量种类最为独特的玫瑰、芍药、郁金香和风信子。对重瓣花的热爱曾经风靡多年，在如今的英法两国，无论在任何场合，这股热爱已经转向单瓣花的培育。单瓣的大丽花、山茶花乃至玫瑰，都比重瓣花更流行，后者曾在长达半个世纪的时间内，占据着园艺家的精力、技术及耐心。

　　游乐场内的许多步道和小径都是用木瓦和贝壳铺成，质地柔软且没有噪声，但并不容易凹陷。这里的松树园与霍普顿宫类似，搜罗了各类针叶树，其中一些非常壮观。在这片美丽且地势起伏的园林中，山丘上和溪谷中都生长着形形色色的优质树木，有的连群成片，有的茕茕孑立，但大多经历过几个世纪的历史，在它们撑起的荫凉里，有很多地方，地毯一般茂密的常青藤远远延展开去，为那片点缀着雪花莲的草地增添了多样性。山丘的顶部覆盖着欧洲赤松，红色的树干与略显灰白的枝叶形成可爱的对照，即便在冬季，也能为这片风景增添一抹暖色。

July 1898

格拉斯哥皇家植物园占地二十六又二分之一英亩，坐落在开尔文河畔，位于格拉斯哥大学的北方，园区中包括齐博水晶宫——如今叫作冬园。这座植物园最初由威廉·胡克爵士（后来被任命为邱园管理人）主持修建，为植物学和园艺学研究做出了巨大贡献。

在才能卓著的布伦先生的管理下，这座园林正逐年得到改善，除了专门用于科学研究的部分外，园内还拥有充足的游乐空间。园内起伏的地势得到巧妙的利用，既能发挥植物园的功用，又能发挥游乐园的功能。这里生长着大量的树木：马栗树、西班牙栗树、橡树、白蜡树、梧桐树、小无花果树、榆树、银橙树、山毛榉，以及一棵最优质的城市景观树——郁金香树。若非格拉斯哥市的工厂和作坊里冒出的烟尘污染了大气，这些树木一定会长得美丽异常。但不幸的是，事实并非如此。我只能遗憾地说，这些优质树木呈现出来的，是一幅萎靡和干枯的景象。园中各个区域的松树都遭受到了伤害，所有粗叶植物都在承受折磨。马栗树、榆树上落满了灰尘，几乎完全被毁。山毛榉没等叶子刚刚长大便已经枯萎。细叶树木和灌木，如一些常绿橡树、月桂、板栗、杜鹃、冬青、桃叶珊瑚等，枝叶得到了露水的清洗，因而勉强能够挣扎求生。

草本植物和高山植物的种类十分广泛，均按照布伦先生的指导，以及胡克与本瑟姆合著的《植物属志》进行分类和布局，这给附近格拉斯哥大学的学生们提供了不少优势。这种分类上的安排主要是为了便于观察，但多少显得有些死板：狭长的四边形林地，中间设有青草小径。这座园林的主要特色在于，园内拥有大量的温室，设有棕榈园及冬园，耗资不菲，但从陈列方式和外观来看，效果极佳。这里的建筑有：棕榈园，八十五英尺长，五十五英尺宽，四十二英尺高；多肉植物室专门用于展示多肉类植物及其变种；经济作物室和蕨类植物室里栽种着优选品种；一间高温室，一间中温室——在各类植物当中，兰花被吊在篮子里；水生植物位于一个圆形的房间里；有一间屋子里长满了澳大利亚植物和映山红；此外，还有一间凉爽的兰花房、一间蕨类植物暖房，树蕨与苔藓专用的"E 区"，以及冬园（昔日的齐博宫），里面长满了树蕨、棕榈、南洋杉、山茶，以及引人注目的各类植物。

我知道，由于一些财政上的问题，格拉斯哥植物园很可能被划入市政管辖范畴。果真如此的话，希望他们不会犯下大错，让植物园沦为游乐场的附庸和从属，否则就会打乱园林的正常体系，届时，格拉斯哥会拥有大量的游乐园，却再也没有植物园。当然，植物园的独立权与公众的享有权并非不可兼容。

格拉斯哥向来以园林和杰出的园林管理而闻名，我的经历也可以证明，这样好的声望绝非虚言。最主要的一座园林要数西区，或者说，开尔文格罗夫公园。这座公园位于开尔文河北岸，游乐场地面积为四十五英亩，是由约瑟夫·帕克斯顿爵士于 1853 年，花费十万英镑建造的。园区内地势起伏，林木茂密，设有花圃、草坪、喷泉、博物馆等，能够满足各种品位。另外，在公园里可以望见克莱德山谷的绝美风光。

女王公园位于对面，开尔文河南岸。这片怡人的区域占地一百英亩。1860 年，为了娱乐民众，约瑟夫·帕克斯顿爵士修建了这座公园。它与新建的大学相邻，向来是人们青睐的休闲场所，特别是在星期天。与对岸的开尔文格罗夫公园不同，这里没有那么多优质的树木，但从服务大众的角度而言，它完全可以与前者相媲美，且园中的花圃更胜一筹。朗塞德战役的遗址就在公园附近，位于东南方，1568 年 5 月 13 日，在玛丽女王逃离洛利文城堡十一天后，这场战役爆发，给玛丽女王的复位大业造成了致命打击。

格拉斯哥绿地是坐落在克莱德河北岸的一座公园，占地一百三十六英亩，作为一处公共游乐场，它的历史可以追溯到15 世纪。这片土地中的一部分被称作"国王公园"。格拉斯哥绿地上矗立着一座方尖纪念碑——为纪念纳尔逊勋爵而立。正是在这座公园里，詹姆斯·瓦特每个周末都会来散步，并萌生了将冷凝器与气缸分离的想法，最终形成了他关于蒸汽机的理念。

亚历山大公园位于格拉斯哥市东北方的郊区，1873 年向公众开放，园区巧妙地分布在一片草坪上，内设花圃和林荫小径。此处可以望见绮丽的洛蒙德山——高三千一百九十三英尺，漫山覆盖着青草。不过，想要远眺洛蒙德山峰的美景，最佳的地点之一是斯图尔特山庄园——比特侯爵的府邸，距离罗撒西五英里，我在那里度过了两天时间。

斯图尔特山庄园的园林和土地十分广阔，迷人的自然风光以各种形式呈现在每个角落。一条长达一又四分之一英里的马车道直通庄园宅邸，道路两侧是茂密的杜鹃、冬青、紫杉，以及葡萄牙月桂——被高俊的山毛榉、桦树、小无花果树和栗树投下的荫凉所覆盖，透过树木的间隙，偶尔能看到绿色的海湾、林间空地，以及形形色色的风景，但随即又消失在高大、凌乱但画意十足的林下灌丛中。灌丛中生长着欧洲蕨、大蔷薇、伏牛花以及忍冬，野鸡等猎物藏身其中，山鸟、歌鸫等鸣禽在里面筑巢。小溪清澈得如同水晶，岸边装饰着英国蕨和野花，溪水蜿蜒流淌，缓缓地穿过静谧的森林，流入幽暗的溪谷和山谷——由于树木太过茂密，这里仿佛被黄昏所统治——流向那岩石丛生的海岸。高大的山毛榉和酸橙树排成庄重的队列，从山坡两侧横穿而过，成群的赤鹿毫无畏惧地四处游荡，数百只孔雀栖息在树梢，或懒洋洋地拖着尾巴、清扫着绿色的草地和小径。那些更开阔、树木较稀疏的地带，主要交给大自然去打理，偶尔能看到优质且美观的云杉、落叶松、花旗松、银枞、柏树以及南洋杉。由于此处的灌丛生长受限，这些树得以长成对称的圆锥形，横向的枝条离地面很近。在这片荒野之中，松树像桅杆一样挺拔，但由于缺乏阳光，枝条稀疏。

距离宅邸不远处，有一片洒满阳光的草坪，草坪边缘种植着大型灌木，这些灌木的分类和组合方式，是我所见过的最令人欣喜的。一片茂密的杜鹃、地中海荚蒾和鼠刺充当了背景，前方则挺立着几株接骨木，树上结着一簇簇鲜红的莓果，黄色叶子在阳光的掩映下，金光闪闪。前者的草绿色枝叶，为后者的鲜红和金黄增添了活力，在背景中光滑、深色的枝叶的对照下，两者的色彩更为艳丽，效果更佳。这棵结着鲜红色莓果的接骨木很不寻常，如果移植到我们的植物园中，将会大有裨益。我会收集并保存它的种子。从习性上来讲，它与寻常接骨木并无太大差异，但果实的艳丽色彩赋予了它最迷人的气质。这种接骨木原产于欧洲中部和南部地区，在西伯利亚的山区也曾发现过，那里的接骨木高达十五至二十英尺。

August 1898

布特岛的气候十分温和，就连温度计的范围也要比苏格兰其他地区少十八个刻度——冬季高十三度，夏季低十五度——其他地区较为娇弱的植物，在这里却生长得十分茂盛，体态有时甚至比在原产地气候条件和土壤条件下更为庞大。红花南鼠刺是一种颇受青睐的灌木（奇洛埃岛的土生植物），叶片平滑，蜡状花朵，玫瑰粉色总状花序，高度能达到十八英尺或更高，体态均匀。这种灌木在英格兰和爱尔兰常被作为攀墙植物使用，在小岛的海滨却形成了厚厚的一堵篱笆。布特岛上遍布着吊钟海棠，体型硕大无比，常见的种类，如里克托尼、克罗里纳、格拉西里斯等，常被罗思赛镇居民拿来围篱笆。斯图尔特山庄园的入口位于阿斯考格村，这个小乡村里生长着一株绝好的里克托尼，高十英尺，占据空间八十平方英尺，我参观的时候，恰好看到了这道盛景，巨大的花朵几乎将整株植物压得喘不过气来。

在斯图尔特山庄园和布特岛四周的小别墅园里，多数人造景观出自爱德华·拉·特罗贝·贝特曼先生之手。二十多年前，这位先生的名声传遍了维多利亚州，为园艺爱好者和装饰艺术爱好者所熟知。如今，贝特曼先生已经上了年纪，但身体健硕，或许依然继续着自己的追求。他的家位于阿斯考格村，属于斯图尔特山庄园的一部分，正对着克莱德湾。可以说，他的家恰好是他本人园艺水平的惊人写照。一栋小屋被常青藤所覆盖，一半隐没在杜鹃、映山红以及巨大的吊钟海棠中，四周环绕着最怡人的风景，可谓苏格兰农宅中最完美的一所。

因弗斯内德瀑布，罗蒙湖，约 1890—1900 年

067.-LOCH LOMOND FROM TARBET.

在塔比特远眺罗蒙湖，约 1890—1900 年游憩区的面积只有三英亩，但布局精美且十分巧妙，看起来面积仿佛大了一倍，艺术的痕迹被隐藏起来，整体安排既自然又和谐。一座陡峭且林木茂密的小山构成了一道壮观的背景，一片片草坪比例适当，高低起伏，中间由一道道或一簇簇的植物相连接，植物显然经过审慎的挑选，高度也经过了仔细的研究。低矮的灌木有的一二英尺高，有的四英尺，有的十二英尺，此起彼伏，错落有致，配合着橡树、马栗树、山毛榉和椴树招展的枝叶，形成一道画意十足的轮廓线，既不会遮挡远处翠绿的草坪，又将几步开外的密林以及单独矗立的树木巧妙地隐藏起来，与其他风景构成全新的组合。

离开布特岛，我穿过布特海峡，沿费恩湖顺流而上，先后到达因弗拉里和因弗斯内德。游览罗蒙湖期间，我来到了巴洛赫，然后顺克莱德河回到格拉斯哥。此后，我又开启了第二场旅行，参观了斯特灵、邓布兰、卡兰德等地，并欣赏了朝塞斯的著名湖景——正是由于这些湖景，号称"北方奇才"的沃尔特·司各特爵士，才因为一首《湖上的夫人》获得不朽的名望。对于读过司各特爵士"文字画卷"的人而言，这里的每一寸土地无不散发着魔力。"阿尔卑斯族的哨兵"——克兰罗格堡、博斯堡，莱迪山、泰斯河、维纳查尔湖、阿克雷湖、布里格奥特克①、委努峰、比拉齐－纳姆－博隘口、卡特琳湖、奥尔山、哥布林洞窟、艾伦

---

① 译者注：本为珀斯郡的一个小乡村，今为苏格兰斯特灵市的一个小镇。

德拉蒙德城堡，珀斯郡，约 1804 年

岛及罗蒙山等景点，全都在这里。尽管现代的科学和进步也踏入了这片神圣的区域，卡特琳湖却依然保持着往昔的风致：

> 落日下闪耀着
> 一道金灿灿的帘幕
> ……
> 南方是高大的本恩山
> 从挺拔的山峰
> 到低陷的广阔湖泊
> 中间挺立着
> 连绵不断的山崖和土丘
> 远古世界的残留

维纳查尔湖（意为"美丽山谷之湖"）长五英里，宽一英里，坐落在莱迪山（上帝之山）的脚下，其他著名的景致则隐藏在桦树、橡树、嫩绿色的欧洲蕨以及黑色的石南当中。再往西就是阿克雷湖，一处美丽的所在，继续向前，被委努峰多石且蜿蜒的山脊所隔开的，正是卡特琳湖。阿克雷湖长九英里，最宽处两英里。在这里，我为山梨树上累累的红果而感到震撼，它们与下方成片的、深紫色的石南形成强烈的对比。艾伦岛位于阿克雷湖的东端，从水面森然拔起，距离湖岸不远处，"满布石子的湖畔洁白如雪"，有些地方覆盖着树木，生长着杂乱的灌丛。

在南方，矗立着高大的罗蒙山，而罗蒙湖——目前为止，这片画意和浪漫气息十足的湖区中面积最大者——则位于西方更远处，湖水向南北两个方向延伸。

在这片有趣的区域稍作逗留之后，我又游览了苏格兰的其他湖区，许多杰出的雅士文人常常对这些湖进行描绘，故此不必赘述。

离开湖区，我继续前往珀斯和克里夫，参观了德拉蒙德城堡，在那里有幸见到了城堡的主人，威洛比·德·雷斯比男爵。自 15 世纪起，这座城堡便属于珀斯伯爵——德拉蒙德的家族。城堡建在高处，附近是厄恩河的小股支流，离珀斯郡的克里夫镇不远。德拉蒙德城堡以古典花园著称，花圃的布局可以说几乎与色彩丰富的波斯地毯相媲美。常绿植物、黄杨木和月桂组成的篱笆将花圃隔开，每片花圃被塑造成古雅的风格。柏树、金钟柏、紫杉、雪松、侧柏、杜松等松柏属植物，分别被修剪成圆形、长方形、圆锥形或其他形状。这座花园不仅是德拉蒙德城堡的一大特色，更是苏格兰境内同类花园中最具特色的一座，十分壮观。它位于城堡基石南侧，在下方三十英尺处，四周的墙壁上爬满了各类艳丽的攀缘植物，灌木修剪得十分整齐。花园占地面积约十英亩，整体呈椭圆形，在城堡的游憩场一侧，有一排壮观的石阶通往花园及三个露台。这座花园最初由珀斯伯爵二世——约翰于 1662 年建造，设计独特，融合了当时被誉为最优秀的，荷兰、意大利和法国的园艺风格。园内两条宽阔的草坪小径呈十字形，周围是石子小径，其中三条贯穿园区，一条穿过花园中心，因此，整座花园被分割成多个花圃，栽种着精心摘选的、颜色活泼的花朵，以及各类观叶植物。这种布局不仅凸显出德拉蒙德家族的雄厚实力，更为冬季带来一片盛夏的气息。花园里零星点缀着古老的雕塑和花瓶，中心部位立着一座日晷，高十五英尺，分五十个朝向，因此在任何一个角度都能看到时间。

用主管巴拉克拉瓦地区的一位法国将军的话说，"壮观倒是不假，但算不上风景园艺。"毫无疑问，这绚烂的色彩，几何形的花圃，这些圆形、方形、三角形、五角形，的确很美观，设计上也颇显睿智，但自然之美，自然的优雅在哪里？被拘束、被囚禁了起来，被扭曲、被埋葬在大量几何图形之下，被淹没在艳俗的色彩当中。我必须承认，我不喜欢这里——或许我能力有限，无法欣赏它的美，我也说不清，但令我极为震惊的，是入口处那排壮观的白蜡树、山毛榉和其他树木，它们枝干交错，形成一道天然的拱廊。比起花园主体部分的死板和粗鲁，我更喜欢园区外部那些高俊的树木，以及那些长满青草的林间空地。

随后，我继续赶往阿伯丁，在这座著名的城市里只待了不到一个小时的时间。坦率地讲，尽管时间有限，无暇多顾，但偶遇的公园却没有给我留下正面印象。城市北部的维多利亚公园里，铺设着几片美丽的草坪，栽种着许多壮观的树木，但混合植被太少，花圃狭窄且形状僵硬，布局不够合理。有些松树和其他树木的间距不足一英尺，因此遭受了伤害，削减枝叶，或是修剪轮廓等手段也无济于事。所谓的假山不过是草草垒砌的一堆石头。这座占地面积十三英亩的公园坐落在一片地势起伏的土地上。

达西公园位于迪河北岸，占地四十四英亩，部分区域林木茂盛，园区整体呈斜坡地势，朝河边倾斜。园中设有林荫小径和阳光草坪，有湖，有瀑布，有喷泉，有假山、板球场和槌球场，还有一尊巨大的威廉·华莱士爵士的铜像，高十六英尺。

高尔夫球场是位于镇子和海湾之间的游憩场所，小镇中心的联合台地公园是个休闲的好去处。

离开阿伯丁之后，我取道基斯、埃尔金和奈恩，前往因弗内斯，随后沿尼斯湖顺流而下，又沿喀里多尼亚运河来到奥本，此后，我又沿克里南运河前往格里诺克，途中经过拉格斯，最终渡海来到爱尔兰的贝尔法斯特。

或许，贝尔法斯特会因为它那座占地十七英亩的小植物园而感到骄傲。这座植物园位于女王大学附近，园区延伸至拉根河——据说，这条河不仅风光秀美，更为耕种等人类活动提供了便利，它游走在山川峡谷之间，穿越森林水系，就其流域之广而言，大英帝国境内还找不到第二条与之相比的河流。在这座植物园中，玻璃温室里种满了各类优质的棕榈、龙血树、芭蕉，以及各类常见植物，优质的森林木和精选灌木点缀着可爱的草坪，可谓到处都有胜景，处处凸显出用心和品位，不得不令人心生仰慕。

都柏林植物园，又名皇家植物园，位于格拉斯内文——都柏林北部三英里外的一片郊区。1794 年，议会向都柏林皇家学会拨款一千七百英镑，目的是普及园艺学、农业及树艺等领域的科学知识，从而引发了一场兴建植物园的运动。植物园选定的位置可谓巧妙而恰当，占地四十英亩，坐落在托尔卡河河畔，具有深厚的历史底蕴。这里是诗人托马斯·蒂克尔居住的地方，也是他（艾迪森①）与当时文坛名流交流的地方。在附近，还曾居住着德拉尼博士（迪恩·斯威夫特的朋友）、斯梯尔、珀内尔及斯特拉。

在政府的协助下，这座园林开始兴建起来。1880 年，园林的平面图发表在一份说明书中，对即将修建的各个部门进行了说明：服务于植物学研究的林奈园、用于农业学研究的草料园与牛园、食用植物园、染料植物园，以及爱尔兰园——或许用作试验场地。韦德博士是植物园的首席教授，约翰·安德伍德先生被任命为园长，或者说，管理人。1801 年，一份系统的园林植物目录得以发表，并于次年发表了草本植物目录与树木目录。1815 年，气派的门房建成，1830 年牛园遭到废弃。目前的管理者是才能卓著的弗莱德·W.莫尔先生，已故的大卫·莫尔博士之子。莫尔博士于 1879 年去世，他是查尔斯·莫尔先生（伦敦林奈学会会员）的侄子。过去四十八年中，查尔斯·莫尔先生一直管理着悉尼植物园，大概在两年前退休。

格拉斯内文园林最特别的亮点在于，1883 年建成了一座岩

---

① 译者注：蒂克尔曾被任命为副国务大臣，而约瑟夫·艾迪森则为当时的国务大臣。

健康女神塑像底部的石狮，达西公园，阿
伯丁，苏格兰。

这座纪念碑立于 1897 年，纪念伊丽莎
白·克龙比·达西为阿伯丁市建造了达西
公园，比阿特丽斯公主于 1883 年宣布公园
对外开放

石园，其中栽种着长势旺盛的高山植被。蕨类植物生长在恰当的位置，欧洲高地的珍稀野花、各类沼泽植物生长在泥炭铺就的苗圃中，安置在岩石脚下的幽僻角落，那里可以获得充足的水分。那些只有植物学家才会感兴趣的小草也在这里生长。园中的樱草花多达四五十种，变种高达数百种，春季里竞相怒放，前来观赏的游客多达数千。草地上的假山拔地而起，艺术感十足，甚至让人误以为那是天然形成的。兰花和猪笼草大多在室内，栽种在专门的房间里，这些植物是目前所知的、所培育出来的最优品种。如果有人对外形怪异、生长奇特的植物感兴趣，那么"北美笼草"或"横鞍花"一定能够满足他们，这里搜罗的以上两种植物，种类繁多且外观特异，委实值得好好研究一番。种类有八到十种，还有许多变种。尽管这植物被称作"横鞍花"，花朵却很小，而且不甚美观；所谓的笼草颜色较深，叶子和茎干较为扭曲，叶片重重叠叠。真正意义上的笼草要数"猪笼草"，其中最为庞大的一种名为"马来王猪笼草"，最初在婆罗洲的京那巴鲁山中发现，后来，都柏林植物园三一学院的 F. W. 伯比奇先生将它移植到了英格兰，是目前发现的最优秀的种类。伯比奇先生说，他发现的那棵植物体型很大，茎高五六英尺，叶片巨大而宽阔，瓮状叶片能够承受住两三品脱的水。除此之外，还有二十五到三十种这类植物，其中，马斯特萨那（杂交种）和新加坡的拉弗莱萨那最为壮观。

September 1898

棕榈室造价在四千到五千英镑之间，长一百英尺，宽八十英尺，高六十五英尺，室内栽种着九十种棕榈，以及各种蕨类植物、兰花和竹子。这里的热带植被品类最为丰富，高大的植株平地拔起，直触屋顶。来自委内瑞拉的壮观灌木——宝冠木、格兰迪帝王花以及红花蕉——或许是英国境内所培育的最优秀的品种。宝冠木点缀着三十到四十朵花，玫瑰粉色，色彩明艳，大多分布在嫩枝的枝头，与长达三英尺的深色的羽状叶片形成鲜明对比，娇美异常。宝来绣球的开花期要晚些——我在邱园及德比郡的查茨沃斯庄园见过几株绝佳的品种——花朵为红艳耀眼的缨状物，从枝干的表皮中生出。花朵在绽开之前极为特异，像是一棵棵玻璃弹子，叶子在成熟前则呈现出丰富的青铜色。

这里还培育着两棵美丽且珍稀的植物，吸引了我的注意，它们分别是无忧花和紫柳花，就像前面提到的宝冠木、盾柱木、凤凰木和许多壮观的观花树木、热带灌木一样，都属于豆科植物。无忧花是大型灌木，或小型树木，结着一簇簇黄色花朵，长长的雄蕊为深红色，生长在马来半岛及附近的岛屿上。紫柳花在印度又称"达卡"或"普拉斯"，据 A. 史密斯所说，是一种孟加拉丛林中常见的树木，早春叶子尚未出现时便已开花，每一朵小花都是总状花序，约两英寸长，色彩为明艳的橘黄色。胡克博士曾表示，在野生状态下，花朵十分繁茂，整棵树看起来像是"一片片火焰"，花瓣与黑色的、天鹅绒般的花萼相互映衬，十分灿烂。

在亚马孙王莲室里，之前经常提到的睡莲显得无比壮观，培育状态近乎完美，红莲花也不例外。尽管红莲花被视为埃及的莲花，但就像著名的伊昔欧比亚马蹄莲一样，它虽然被称作"尼罗河莲花"，却不在埃及的任何一个区域生长。据说，希罗多德、西奥佛雷特斯及斯特拉博等，曾对这种植物进行过精确的描述，在埃及神庙的废墟当中，许多雕塑上都雕刻着这种花。在澳大利亚北部，介于库克顿和卡彭塔利亚湾之间的区域，这种植物极为常见，我曾在潟湖周围发现成片的睡莲，覆盖面积达几英亩。在中国、日本、马来群岛及菲律宾群岛、波斯，以及里海附近，都能见到。

曲线形的草坪大约在四十年前建成，花费五千英镑。我发现，这里最大的亮点之一在于，所谓的"澳大利亚及新荷兰植物室"里面长满了新南威尔士、维多利亚州、昆士兰、西澳大利亚和塔斯马尼亚等地的代表性植被。

中心室也搜罗了一些澳大利亚的大型树木，如桉树、大叶南洋杉、青花鸟、白云杉，诺福克岛的棕竹，各类贝壳杉，如新西兰贝壳杉、昆士兰贝壳杉、新喀里多尼亚岛贝壳杉以及新赫布里底群岛贝壳杉等。此外，这里还生长着大量南美和墨西哥的植物群。新西兰植被大多在室外，或是温室当中，多数婆婆纳、海桐、新西兰亚麻等，在没有遮蔽的情况下，生长得依然很健壮。

兰花与蕨类植物室的建造费用为一千英镑，长一百英尺，宽二十英尺，分为三个隔间，主要种植着附生兰和多种外来植物。山茶室也陈列着娇媚的杜鹃和映山红，蔚为壮观。

园区的整体地势起伏不定，这让设计者可以充分利用狭小的空间，整体布局很具有艺术性。访客可以沿着蜿蜒的小径徜徉，或行走在精心打理的、广阔的草坪上，到处可见一簇簇的绿植，各类冬青、枫树、杜鹃、月桂，以及数不清的英国和外来树种，可谓处处都是景致，多样，有趣，而且怡人。托尔卡溪源远流长，两岸长满了青草，点缀着银叶柳树和低垂的芦苇，为整片风景增添了无穷的魅力。草坪上分布着一些壮观的金叶紫杉、铜色的山毛榉，将背景中色彩深沉的杉树和其他树木，映衬得无比明艳。树木枝叶的色彩，与风景中的绿色融为一体，往往比园艺师设计的花圃或花坛，更能产生令人愉悦的效果。

园区北侧有一片湖，与托尔卡河的流向平行，湖边长满了各类水生植物，夏季，有些地方会长出大片耐寒的睡莲。有一片三角形的、用墙围起来的区域，那里叫作"储藏室"，室内是苗圃或试验场，用作培育珍稀植物，以及那些早已被忘却的经典花卉。

总之，可以说，作为一座画意十足的植物园，格拉斯内文可谓罕有其匹，造访爱尔兰的游客们如果错过了它，将会错过一场景观盛宴，这是任何其他地区都无法提供的盛宴，一年四季都不停息。

都柏林主要的游憩场地是凤凰公园，一片面积为一千七百五十二英亩的封闭空间。进入园区要通过国王大桥，大门内侧立着一尊卡莱尔勋爵的铜像。在都柏林门与卡索诺克区之间，有一条长逾两英里的笔直车道从园中穿过。最显眼，但并非最具画意美感的要数惠灵顿纪念碑——一座高大的方尖纪念碑，上面记载着"铁腕公爵"的胜利事迹，碑座的青铜上刻着滑铁卢战役、塞林伽巴丹战役、《解放法案》通过等历史事件的浮雕。此外，还有一根由查斯特菲尔德勋爵所立的圆柱，上面是一尊凤凰雕像，诠释着这座公园的名字。萨拉桥、岛桥（就像一个括号），将克尔缅因哈姆医院——为年老士兵及军官所设立——大西南铁路线的终点、动物园、人民花园、皇家爱尔兰军事学校、爱尔兰总督及布政司府邸等，"包括"在其中。

这座公园常被用作阅兵或赛马，园区坐落在一片宽广的草坪上，周长为九英里，地势起伏，某些区域丘陵众多，但总体而言还算平坦。在英国，这是最具画意、最实用的一处公共游憩场地，由于地处都柏林附近，或者说，在市中心，很快就能到达，根本不费力气或浪费时间。

有些步道和宽阔的车道，从两侧一行行的榆树、白蜡树、马栗树、小无花果树、菩提树以及橡树当中穿过，在某些地方形成凸出的岬角，挺入大片大片翠绿的草坪，在视野内远远地延展开去。偶尔，树木从中出现一处豁口，另一条道路形成的岬角——同样宽阔，但正好来自对面——与之前那条道路的岬角交叉在一处，形成一片片海湾状的草地，上面点缀着一簇簇，或一棵棵山楂树，5 月份的时候，树上会结满珍珠般的果子，有些山楂树枝干虬曲，干围有四到五英尺，部分被常青藤所覆盖。即便在阴天，威克洛山脉和基尔代尔山那雾蒙蒙的、长长的轮廓，也会给公园高处的景致增添无限魅力。诸多车道之中，有一条长达数英里，每隔一段距离便矗立着一棵树木，每种树木都有七棵。这些树的间距只有几英尺，（距地面四五英尺处）树干周长为八九英尺。凤凰公园几乎容纳了一个公园所具备的所有亮点：大片的草地，觅食的鹿群和羊群，画意十足的枝叶分布，闪亮的湖水，动人的风光，幽僻的角落，荫凉的休憩区，根本不在乎什么园林装饰体系。事实上，只有从整体上全面布局，才谈得上装饰体系，否则会让整个园区变得似是而非。

人民花园位于凤凰公园内的一个封闭空间，里面主要种植着装饰性的常绿灌木及开花植物。苗圃中生长着一年生植物、草本植物，以及球茎类植物，在草坪的映衬下显得十分俏丽。有些花圃中生长着绚烂的三色紫罗兰，色彩浓淡不一的秋海棠和莲子草，边缘则生长着苔藓般金黄色的大爪草。有些花圃中长满了鲜红色的剑兰，夹杂着白色的风信子，或是白色的日本银莲花、翠菊等，这些都足够引人、足够美丽。不过，在草坪最美的区域里，采用了链条园艺法，各类色彩围成一个椭圆形，将草地作为中心，各个椭圆之间相互连接，绵延很长一段距离。在我看来，这种设计损害了外部的美丽景致，以及内部的自然风光。不过，对于大量游客而言，这些线条僵硬的花朵链条是极具吸引力的，他们显然看不到四周的混杂灌丛、那些高贵的树木是多么美丽。花园里有一小片湖水，岸边是一座假山，山上长满了精挑细选出来的高山植物。此外，我还发现了大量的婆婆纳和海桐。有些聚星草、朱蕉、亚麻、耀豆，以及许多新西兰植物，都像在本土环境中一般，生长得十分茂盛。

离开都柏林后，我来到了科克，随后经过马洛郡，到达基拉尼湖区，途中又参观了肯梅尔勋爵的庄园——位于下湖东岸，占地一千五百英亩，园内山野风光令人陶醉。整座庄园十分美丽，雅致的步道在高大树木的荫凉中穿过。我注意到几棵高举的白蜡树和山毛榉。古老的罗斯城堡是一处非常可观的遗迹，也是湖区最引人、最令人讶异的一处景点。"罗斯"是城堡所在半岛（位于下湖东岸，石灰石地质）的名字，城堡上爬满了常青藤。

站在城堡塔楼的顶端，可以望见一片无比可爱的全景风光。据说，观赏基拉尼的湖泊群，至少要三天时间，即便如此，若想每个景点都走到，行程一定非常仓促。或许真的如此，不过，由于时间有限，而且还有其他事务，我只花了一天时间游览湖区。可以说，在整个英国境内，再没有比这片美丽的湖水更值得欣赏的景致了。湖区风光魅力无穷，绚丽的色彩，以及大自然的种种美，都以万千的仪态呈现出来，愉悦着我们的眼睛。这些湖与英国其他地区的湖全然不同，英国诗人华兹华斯和苏格兰湖畔诗人司各特，两人或许自然而然地偏爱自己的故乡，但提到爱尔兰的湖区风光，两人的看法是完全一致的，认为与英伦岛上的风光相比，这里的风景，如果算不上更胜一筹的话，至少是平分秋色。画家大卫·威尔基爵士曾说过，基拉尼的湖泊群是他见过的、最壮丽的风景。邓洛峡谷——一条深邃、孤独的隘道——位于麦吉利卡迪山与图米斯山之间，呈南北走向，是一条充满野性的峡谷，长四五英里。很显然，大自然发生了可怕的震动，将两座山硬生生劈开，这才有了这条峡谷。这里的湖总共有三个：下湖，也称林恩湖；中湖，也称托克湖，或莫克罗斯湖；以及上湖。前两者相距很近，上湖则与一条风光秀丽、四英里长的河流相接。这些湖坐落在群山的中心，四周高峻的山脉上覆盖着绝好的树木、翠绿的植物，以及灌木，特别是草莓树，平滑的绿叶为周围的枝叶丛增添了一分别样的绿，眼下的季节，树上结满了鲜红的莓果，一簇簇的白花更是美得出奇。

湖面及湖边的景点太多，对于一位时间有限的游人而言，这就无异于法国人所说的"好东西太多而成了问题"。这里有一块非常醒目的岩石，是从山顶的悬崖上落下来的，据说，这里就是圣帕特里克斩杀爱尔兰境内最后一条蛇的地方，距离这块岩石不远，矗立着一块周长约二十英尺的巨岩，由于岩体处于微妙的平衡状态，虽重达数吨，但只消用手轻轻一推便可移动。峡谷中有条小路，长约二点五英里，顺着这条小路，首先到达的是上湖，湖水环绕着十二座小岛，其中一座名叫杨梅岛，整座小岛都被美丽的杨梅所覆盖。湖中还有一座山，名叫鹰巢，山影倒映在水中，无比迷人。

莫克罗斯湖的湖面上也倒映着许多山影，山上有些有趣且画意十足的山洞，其中一个名叫柯林·伯恩洞。前文提到的下湖，长七英里，湖中分布着三十多座小岛，有些覆盖着成材林，有些则裸露着岩石。名叫因尼斯福伦的小岛最为有趣，岛上有座修道院的遗址，据说是圣菲南在大约公元 600 年建造的。其他景点包括：托克瀑布与托克山、阿加多高地、卡朗图厄尔山（该区最陡峭的一座山，海拔三千一百四十一英尺）、曼杰尔顿山、魔鬼的酒碗，无数的山洞、德鲁伊特教遗迹、风光浪漫的幽谷、瀑布、废墟，等等。如果时间充足，还有许多地点值得一游。不过，无论时间长短，形形色色的美丽风光，都会给基拉尼的访客带来丰厚的回报。

October 1898

返回科克后，我乘坐轮船，在彭布罗克郡（威尔士）的米尔福德港登陆，在卡马郡、格拉摩根郡、蒙茅斯郡等地游览了一番，参观了卡迪夫、纽波特、切普斯托（在那里，我见到了克雷耶斯先生的美丽花园、著名的丁登寺，以及温克利夫庄园），随后渡过塞文河，到达布里斯托。

布里斯托的主要园林要数达勒姆唐草原，这片区域永久性地对布里斯托市民开放，造价一万五千英镑，占地四百四十英亩，位于城市西北方，其中的一部分被称为"斯尼德公园"。位于西方、坐落在雅芳河河畔的，是一片怡人的游憩场地——克里夫唐，占地二百五十英亩，区内设有瞭望台、照相机、动物园，还有一个有趣的深坑，叫作格莱斯顿洞。河面上横跨一座吊桥，造价十万英镑，跨度为七百零二英尺，高出水面二百四十五英尺。其他的公园包括科瑟姆花园及贝德明斯特公园，后者是一座广阔的游憩场，由格雷维尔·史麦斯爵士为公众建造，广受民众青睐。

有些教堂的墓地区也包括一些游乐场地，并布置了花卉和灌木。

赫特福德郡坐落在利河的河畔，位于伦敦北方约二十英里处。这里有一座气势恢宏的庄园——赫特福德庄园，索尔兹伯里侯爵的宅邸。最初，索尔兹伯里庄园属于伊莱大教堂，1108年，大教堂被划入主教辖区，庄园因而成为主教宅邸，此后的近八个世纪里，一代代的僧侣们便漫步在那些橡树——高大、荫凉、虬曲——下方，如今这些树已经上了年纪，在这座美丽的园林内更显壮观。1538 年，庄园成为亨利八世的皇家宅邸，后来也成为爱德华六世、伊丽莎白及詹姆斯一世最喜欢的宅邸。1607 年，詹姆斯一世用赫特福德庄园作为交换，得到了索尔兹伯里伯爵在索巴尔兹的庄园，并为他建造了现在的这栋住宅，一座气势庄严的建筑，是现存伊丽莎白风格的建筑中最好的典范，同时也融汇了意大利文艺复兴时期的建筑风格，特别是建筑的南侧，两翼高达一百英尺。

庄园面积广阔，地势起伏，利河从园区北侧穿过。赫特福德郡以一些绝佳的树木而闻名，这些树木都可以在赫特福德庄园内找到。这里生长着许多高大的树木，尽管有些已经衰老，但许多粗壮的枝干本身已经有一棵树大小。有些树很出名。宅邸附近的那棵狮子橡树干围超过三十英尺，古意森森，虽然因过于古老而遭到了毁坏，枝叶却依然青翠；还有两棵橡树，分别是维多利亚女王和阿尔伯特亲王所种，均为名贵树种，但与前者相比，不过是两个侏儒而已。最著名的是"伊丽莎白女王的橡树"，据说，早在 1558 年，伊丽莎白就是坐在这棵树的树荫里，收到了姐姐玛丽的死讯，从而成为英格兰女王。十七年后，也是坐在这棵树的树荫里，她接见了爱尔兰副财长菲顿。这棵树的树龄无法确定，但树干几乎已经中空，唯一的生命迹象是树梢抽出的几根细枝。中空的部分已经灌入混凝土，以防止恶劣天气造成伤害，树干上的树皮剥落得所剩无几。

庄园里的榆树长势惊人，在哈特菲尔德地区的装饰性树木中最为出众，特别是英国榆木，其中的一棵高达一百三十英尺，（距地面四英尺处）干围达到二十七英尺，是我见过的最优质的榆木。庞大的体型，以及对称的长势，为这棵树赋予了贵族气息，几乎在庄园的各个角落都能望见它。山毛榉那挺拔的树干也极为惹眼，一棵高俊的落叶松（干围达到十英尺）引起了我的注意。其他树木，从高大的山毛榉到矮小的刺棘、刺槐，可以在园区的各个角落见到，要么单独矗立，要么连片成群，不管是有意设计还是自然而为，其效果是极具画意的。通往南侧——宅邸的正面——的那条大道旁，种着四列酸橙树，每列之间的距离、树木与草坪之间的距离，都大得异乎寻常。除了一条马车道外，整体效果非常好。宅邸的四周是几何形的花园。西侧是一个四边形的小片土地，中间是一个水池，池内设有喷泉。以喷泉为中心，成散射状向外分布的，是许多花坛，线条极为僵硬，夏季里长满了花坛植物。四边形的每个角落里，生长着一棵桑葚，是詹姆斯一世所种，据说是引入英格兰最早的几棵桑葚。花园四周环绕着由酸橙树构成的走廊，枝叶经过修剪，形成一道拱廊，每棵树之间的距离为十英尺。不远处是玫瑰园，一片凹地上长满了精选的玫瑰，分布在几何形的花圃上。截至目前，最好的是东面的花园：一座碎石铺就的宽阔的高台，俯视着一片平坦而广阔的花圃，高台建在四面高墙之上，墙面爬满了常青藤和其他攀缘类植物。这里的花圃也是按照几何形布置，周围是高大的黄杨，附近是一座迷宫。地势更低处，是一片画意十足的湖水，有着五六英亩的面积，湖面生长着树木，或许因为土壤中盐分所致，长势并不算好。

　　宅邸不远处，在一片宽敞的草坪上，生长着一片绝好的针叶树，不远处是一座温室，长二百英尺，里面种着优质的山茶花，还有大量澳大利亚植物。葡萄园共有八座之多，凸显着贵族气息。此外，这里还种植了不少无花果、西瓜、黄瓜和西红柿。在那栋长五十英尺、拱形屋顶的房间里，西红柿的长势尤其旺盛。还有一间长一百英尺、四坡屋顶的房子，里面的盆栽草莓也打理得不错。总体算来，共有二十八个玻璃温室，其中包括葡萄园、杜鹃室、桃子房，还有一间暖房，里面种植着蕨类植物、兰花、装饰性植物，以及用作切花的植物，如栀子花、布瓦尔木、亚马孙百合、天香百合，以及十多种其他花卉。离哈特菲尔德不远处，有一座私人花园，就在圣阿尔班古教堂附近。在这个花园里，我看到了一株壮观的欧洲花楸，树上结满了鲜红的莓果，还有一棵花朵怒放的铁线莲攀缘其上，几乎压得树枝喘不过气来。绿色、鲜红色及紫色，融汇成一片和谐而迷人的色彩。

November 1898

在白金汉郡，位于艾尔斯伯里镇西北方六英里处，坐落着沃德斯登庄园，是罗斯柴尔德男爵的宅邸，也是英格兰地区最大的私人园林。蛇形的车道长三英里，宽二十五英尺，由红色石子铺就，蜿蜒着穿越园区、灌丛及游憩场地，最终通向气派的宅邸。宅邸由一位法国建筑师设计。这片庄园相对较新，二十四年前，这里连一棵树、一片灌丛都不曾有，而如今，遍地是形形色色的植被，丝毫不亚于英格兰任何一位贵族的庄园。不过，这里的树大多不能用"年幼"来形容，为了尽快营造庄园的氛围，这位男爵不辞劳苦，从远处的森林和树林中，带回了不少四十到五十英尺高的树木，其他珍稀树种则是从附近或其他地区的园林得来。几番辛苦之后，光秃秃的山丘和山谷，很快变为一片周长有数百英里的林地。沃德斯登庄园的一切都显得雍容大气。宅邸四周的土木工事——这还不算花园和公园里起伏不定的人造土地——可谓一项浩大的工程。整座宅邸建立在高原的一片平坦区域，占地五十英亩，而这片平地也是人造土地，削平的土地至少二十英亩，高十英尺。草坪占地一百二十英亩，均为机器修剪，精心打理的草坪上挺立着各类树木与植物，其种类和数量也相应多得多。数百英亩的草场用来喂养壮硕的牛群、羊群及鹿群。玻璃建筑则用于栽培娇弱的植物和水果，面积为五六英亩。一个大型温室中，包含了四十个隔间，其中十个隔间里装满了精选的兰花。各种外来鸟类、设计精巧的凉亭，分布在风格典雅的花园中，可谓本庄园的另一个特色。从庄园的不同区域，可以望见美好的风光，将白金汉郡、牛津郡的奇尔屯丘陵，以及少许伯克郡的俏丽景致等，尽收眼底。

总体而言，沃德斯登庄园的画意园景可以称作高端风景，但在很多层面上，有些过于矫饰，有些则修饰不足。拿一些丘陵上树木的分布来说，大片的树木和灌丛均为深色，枝叶可谓仪态万千，但却没能与周围的绿植充分融合，缺少色彩的和谐，就像是一幅没有完成的画作，红色、黄色和紫色还需要淡化一些。金黄的冬青、接骨木、杉树，以及紫叶的梅子树、山毛榉、欧洲榛树和伏牛花，在色彩上形成了强烈的对比，中间还夹杂着白叶或各色叶子的枫树、山茱萸等，但在近处观看并不能给人以美感，而是令眼睛产生疲劳，即便在远处观看也无法避免，绿色的背景也于事无补。深浅不一的绿色，要远比明亮的颜色更容易融入花园的整体风貌。在这一方面，或许最佳的典范就是秋天的森林，数百种颜色彼此交融，但每一片叶子上都有恰当比例的绿色。

行程的下一站是牛津郡，遗憾的是，我无法在那里久留。不过，在有限的时间里，我抽出了一个小时，对当地的植物园进行了参观。植物园位于查威尔河的两岸，在一座大桥附近。这座桥是从北方入城的通道。园区面积虽然不大，只有几英亩，但却搜罗了大量珍稀且美观的植物，另外，此处之所以出名，是因为许多植物学和园艺学年鉴中，把这里称作最古老的英国植物园（成立于 1632 年）。许多杰出的植物学家曾在这里从事研究，阐明了许多与科学相关的、有趣的现象。雅各·博瓦尔特，原籍布伦瑞克公国，是第一任园长，尽管第一个正式接受这个职位的人是著名的植物学家——约翰·特雷德斯坎特。他继博瓦尔特之后，接任了园长的职位。后来，谢拉德建造了草药园和植物标本馆，为这里的设施提供了丰厚的赞助。西布索普博士和多贝尼博士也曾是这里的植物学教授。1654年至1675年间，约翰·伊夫林频繁地造访这里，为参加医药学系的讲座做准备。园区主体内，一些最优质的树木是西布索普博士在一百多年前栽种的，另外一些则是贝克斯特在七十五年前种下的，最惹眼的要数拱门附近、莫德林学院对面的那棵巨大的槐树，（距离地面五英尺处）干围十一英尺零三英寸，不过眼下已经遭到蛀蚀。

有一棵花白蜡，堪称园景树种的精品，嫁接部位以上高达四十英尺，如今依然十分挺拔，或许是嫁接在欧洲白蜡树上。园内还有几棵堪称典范的欧洲白蜡树和毛白蜡树。有一棵紫铜色的山毛榉，干围十一英尺零六英寸，一棵蕨叶山毛榉长得也无比雄壮。这两种树都是普通山毛榉——欧洲山毛榉的变种。白面子树、山梨树、山楂树，以及马桑树（均为变种），都是非常优质的品种。

马桑树高三十五到四十英尺，树干直径为两英尺，是一株优秀的园景树，但我注意到，苏格兰梅尔罗斯修道院的古墓地中也有一棵，距离大卫·布鲁斯特爵士的墓不远，尽管不算很大，但却是极佳的变种，我在那里参观的时候，那棵树正处于完美的形态，枝条垂入草地，结满了沉甸甸的红果。

在牛津植物园，诸多有趣的树木和灌木当中，不得不提的有：土耳其榛树，高三十英尺，干围五英尺零七英寸；那不勒斯李，据说，它的树皮具有一些只有卡拉布里亚地区的"发烧树"才有的特征，花朵的香味与天芥菜的气味相似；还有金链花、弗吉尼亚海枣，以及南欧、西亚滨枣的橡叶变种。

泰晤士河的支流——查威尔河的两岸，生长着一些体态庞大的树木，其中一些是白杨，干围为十四英尺零五英寸；白柳，干围十四英尺零八英寸（离地面五英尺处）；钻天杨，干围十一英尺，几株法国梧桐，干围十英尺，高八十英尺；水榆，树干（距离地面四英尺处）周长为十二英尺零一英寸。基督教堂草地上的许多榆树，体态也十分庞大，但在基督教堂学院后面的莫德林小树林中，生长着两棵榆树，一棵干围（距地面五英尺处）为二十四英尺零八英寸，高一百二十五到一百三十英尺；另一棵树干周长为二十一英尺零六英寸，两棵树都非常高俊。

马尔伯勒公爵的宅邸——莱尼姆宫——也在牛津郡，具体位于伍德斯托克镇。当年，亨利一世在伍德斯托克镇建造了一座宫殿，附带一座美丽的花园，亨利二世在花园里为美丽的罗莎蒙德建造了一座凉亭，从而让这座宫殿更为出名。如今，这座宫殿连一砖一瓦都没有留下来，只有两棵小无花果树，生长在桥边的莱尼姆花园中。伍德斯托克镇的皇家宫殿传给了约翰·丘吉尔——马尔伯勒公爵，以及他的后人。为表彰公爵在1704年的巴伐利亚战役中大胜法军，国王在那里为他建造了一座宫殿，名

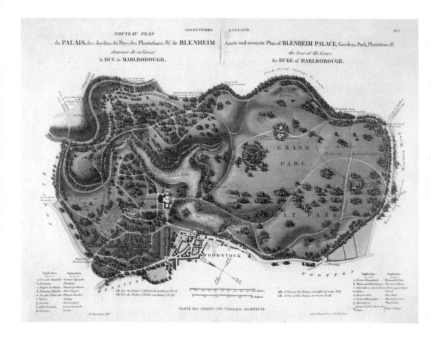

布莱尼姆宫，牛津郡，1835 年

为莱尼姆宫，造价三十万英镑。莱尼姆花园占地三千英亩，周长十四英里，园内有片湖，占地二百六十英亩。这个湖是通过截流格莱马河而形成的。这座花园以各类植被而闻名，拥有大量古老的橡树和雪松，林间驯养着鹿群。游憩场地与花园共占三百英亩，一直延伸至湖畔，风光秀丽无比。

这座花园的一大亮点在于，园区内有条长长的大道，两侧生长着高大而庄严的榆树，高一百英尺，此外还有无数条或笔直或蜿蜒的宽敞步道和车道。

栽种的树木呈不规则的线条状、带状、簇状，这一点令人无比钦佩，尽管树木的种类十分有限，其营造出的，却是无与伦比的风景——壮阔，首先是面积上的广阔，其次是自然与艺术效果上的壮丽。橡树和榆木占据了主导，前者的干围在二十五到三十英尺之间。湖边的一些黎巴嫩雪松美得难以言说，树干周长在二十到三十英尺之间，树冠的直径超过一百英尺，种类也十分丰富，有些呈圆锥状，看上去比较典雅，有些树冠是平顶，树枝几乎呈平行的线条状，另一些则垂着枝条。

从特征上讲，这里的花园——考虑到游憩场之广阔，用花园两字实在有些局限——与英格兰的许多花园一样，形式上有些刻板。不过，整片花园布置在凹陷的地势内，算是朝着正确的方向迈出了一步。这样一来，游客便可俯视花园，也不会因刻板的形式毁掉整体风景。花圃的形状各异，边缘以宽阔的青草带装饰。露台上的植物郁郁葱葱，高达五六英尺，旁边便是玫瑰花圃，整体效果十分迷人。

这里的温室和玻璃房数量很多，面积十分广阔，占地面积达数英亩。之前，这里只有两座温室，但在1884—1885年，园区进行了大面积改造，所有培育植物和水果的温室都得到了改善，后来又另外增建了十几间。目前培育室的类别包括：猪笼草类植物、油加律类植物以及花烛类植物培育室，其中搜罗了大量已知种类和变种，适用于切花或装饰；此外，还有兰花室，其中一间专门用于培育东印度群岛的兰花，种植了大量的安格兰和指甲兰；三尖兰室；齿舌兰室，植物种植在苔藓构成的苗圃上；半边莲室；凤仙花（杓兰）室，培育了至少五十种兰花，玻璃下方生长着美丽的开唇兰（气质柔和，斑叶，陆生，主要来自婆罗洲以及马来群岛）；石斛兰室；万带兰室；还有许多其他培育室，里面长满了珍稀的优质兰花。简言之，适用于切花的所有兰花，都有属于自己的培育室。棕榈室中搜罗了至少一百种棕榈。

园中的假山体量庞大，且十分平坦，像一堵墙，但装饰得十分合理。厨房花园和耐寒果树园——占地面积超过十二英亩——种植着大量优质的篱壁水果、锥形果树、墙式树木以及矮树，都生长在花园的露天区域。

沃本修道院——伟大的贝德福德公爵（著名的罗素家族的首脑）的邸宅，位于贝德福德郡南部，不远处便是古雅的集市小镇沃本，以及沃本沙村——因村内土壤多为沙质，故此得名。

沃本修道院成立于1145年，为熙笃会的僧侣修建，

1547 年，爱德华六世将这座修道院及其大部分土地赐给约翰·罗素勋爵，后者于 1549 年被封为贝德福德伯爵。宅邸位于花园中心附近，坐落在熙笃会的教堂废墟之上，修建于 1747 年，从外面看不算壮观，但建筑内部却收藏着大量精美的画作。这里的花园可以算作英格兰最大的花园之一，周长十二英里，占地三千五百英亩，园内养着赤鹿和黇鹿，设有精巧的小径和车道，通向各个方向。榆木栽种成行，长达两英里。数不清的树木，包括高大的橡树，足以建造一支船队，山毛榉则能够让维多利亚州维持多年的木材储量，西班牙栗树足够为墨尔本的所有房屋建造房顶，英国榆木则可做成上百万口棺材。各类耐寒树木也不计其数。经过测量，一棵白蜡树的干围达到十六英尺，两棵栗树的干围分别为九英尺，一棵山毛榉的周长达十六英尺，笔直的树干长六十英尺，总体高度为一百二十英尺。

地势较低的区域有八个池塘，这些池塘排成一列，是古代的养鱼塘，如今里面还被公爵养的鱼占据着，大多是金黄鲤鱼和德国的丁鱥。修道院内有棵橡树，最后一位院长因不承认国王的最高权威被吊死在上面。

沃本村不远处有个湖，叫作德雷克伦湖，湖畔的一侧是占地两百英亩的"常青林"，里面生长着大不列颠境内的常见树木，但主要是欧洲赤松，平均直径为三英尺。还有几小片，或者说几簇美国红橡树。这里的布局显然非常刻板，稍稍加以修饰便能够改善。比如，两列雪松之间的区域，每隔一段距离便有一片潘帕斯草，树木形成的直线贯穿着园内的某些区域，在我看来，这些都会对优美的风景造成负面影响。宅邸周围的花园和游憩场地占地约六十英亩，一条两英里长的蛇形车道贯穿了整个花园和游憩场，车道两侧是优美的林景，以及一连串的远景。公爵的花园设有一道私密的入口，入口附近矗立着一棵雪松，树干最粗部位的直径为二十六英寸。据说，1878 年，如今已故的格莱斯顿先生访问沃本村时，随身带了一把斧子，并将这棵松树砍了回来，全程用了二十五分钟。这棵死去的松树便这样矗立着，诉说着这位伐木工的非凡技能。据说，有一位仰慕者，或者说，是投机者，曾出价五十英镑，想要购买这棵雪松。砍伐松树时飞溅下来的碎屑都被收集起来，用胶水黏合，做成了一幅画框，作为珍品保存起来。

宅邸附近的草坪上，可以看到几簇葡萄牙月桂，四周环绕着杂交的杜鹃花，还有许多挺拔的橡树，八十英尺高的树干，如箭杆一般笔直。美丽的湖景渐渐消失在视野内，眼前是一片混杂的灌丛。在我参观的时候，一行南洋杉附近的黄杜鹃开得正艳。一片片宽阔的苗圃延伸出去，上面种植着冬青，营造出非凡的效果。从这里，有一条便捷的道路通往温室和山茶室——八十英尺长，四十英尺宽，里面种植着许多古老的滇茶。这些茶树经过引导后，朝一堵二十二英尺高的墙上攀爬。澳大利亚的许多耐寒植物，如树木和灌木，在英格兰都被训练成了攀墙植物。最有效的攀墙植物还包括广玉兰、蓝茉莉、火棘、鼠刺，以及其他一些习性相似的植物。

　　这里还有一座意大利花园，有九十多年历史，占地一英亩，里面种植着精心挑选的花卉，但布局风格多少有些死板和僵硬。沃本修道院里的雕塑和塑像十分精美，其中有卡诺瓦的"美惠三女神"，是贝德福德公爵斥资一万五千英镑，请卡瓦诺特地完成的；魏斯麦珂特的青铜像，以及来自尼尼微的、有三千多年历史的一些雕像。湖边，一个绿荫遮蔽的幽僻角落里，隐藏着一个人工洞穴，洞内陈列着石英、矿物、贝壳、水晶、珊瑚等，地面上铺着各色鹅卵石。面向一个水塘的，是一个瓷器铺子，地面由大理石铺就，里面摆满了古老而珍贵的瓷器、陶器，而不是常用的、装牛奶的器皿。

布莱尼姆宫园林，加法叶绘，1890 年

December 1898

在英格兰的米德兰兹区旅行时，我自然游览了斯特拉特福镇，莎士比亚在这里出生，死后也埋葬在这里。有句话说得非常好，这位诗人"并不独属于某个时代，而是属于永恒"。之后，我又前往沃里克，并趁机参观了那里著名的古城堡——著名的"国王缔造者"沃里克伯爵的宅邸。那里的雪松体态高大，引起了我的兴趣，据说是十字军战士返乡后种下的。

接下来，引起我关注的是肯尼沃斯镇，以及镇上的城堡遗迹。在他的历史小说中，沃尔特·司各特爵士以天才的笔法，描绘了"童贞女王"、傲慢且唯利是图的莱斯特，以及无助懦弱的艾米·罗布萨特等人物形象，因而让这里的城堡遗迹变得不朽。这栋古老诺曼风格的主楼上，我见到了长势最旺盛的常青藤。可以说，这些常青藤已经嵌入了墙壁之中，茎部（距地面几英尺处）的周长达到了八英尺四英寸。

匆匆瞥过一眼伍斯特大教堂之后，我来到了斯陶尔波特附近的威特利庄园，这里是达德利勋爵的宅邸，一座气势恢宏、占地九百英亩的庄园。随后，我又来到伯明翰，参观了当地那座十二英亩的小植物园。这座植物园大约成立于六十年前，园内搜罗了各类植物，其中很多是无比珍贵的品种。

我在查茨沃斯庄园待了一天，这给我带来了极大的乐趣。查茨沃斯庄园位于德比郡，向来被誉为英格兰最知名的私人园林之一。事实上，这更像是一座私人的植物园，其中的植物几乎来自世界各地，而每种植物都拥有属于自己的"位置和名字"。

在这里，许多植物王国中最珍贵的品种，都是首次引入并培育起来的。德文郡的历代公爵都对植物学和园艺学抱有浓厚的兴趣，也是这两门学科的赞助人，不惜花重金，请人到远方收集珍稀树种、开花灌木、棕榈、兰花、热带水果以及蕨类植物，等等。据说，单是引入一棵璎珞木——我们稍后会进行介绍——公爵大人便尝试了无数次，试图让它在英格兰存活下来，花费了上千英镑，并且专门为它建造了一座温室。

来自亚马孙地区的王莲，在已故的约瑟夫爵士（当时还是帕克斯顿先生）的精心培育下，已经开花，并结出了种子，这在英格兰还是首次。这里还种植着来自中国的卡文迪什香蕉。这是澳大利亚市场上常见的一种香蕉，最初被引入新南威尔士和昆士兰州的园林，还要归功于公爵大人。许多年前，他送给牧师约翰·威廉（萨摩亚地区的传教士）一些卡文迪什香蕉，后者对其进行繁殖，并传播到南太平洋诸岛。

查茨沃斯庄园的宅邸是一栋帕拉丁风格的建筑，占地约四英亩，建筑内收藏了大量艺术品和古代珍品，最初由德文郡公爵于1688年兴建。建造过程中雇用了许多当时的天才艺术家。

整个园区周长约十英里，德文特河横穿其中。地势起伏的美丽园林占地四百英亩，花园及游憩场占地一百三十五英亩，厨房花园占据十二英亩，这些土地都被打理得井井有条。在过去的三百年里，庄园内的园艺经过了数次改变和革新，各种园艺风格保存得十分完好，比如，死板僵硬的意大利或荷兰风格，东方风

威特利庄园，伍斯特郡，
1880 年

格等，观察起来十分有趣。这里所谓的现代风景，或自然风景体系，要追溯到大约1830年，主要由约瑟夫·帕克斯顿爵士所创造。众所周知，他还设计了一座非常著名的大型温室，成为那栋大型玻璃钢铁建筑——水晶宫——的先行者。1851年博览会便是在水晶宫中举行。

宅邸后方是无数条台阶，顶部建有一座神庙，这座神庙是庞大的水景和喷泉体系的一部分。从这座水上神庙的顶部，一条壮观的瀑布飞泻而下，落到下方的水池中，又从水池中流溢出来，顺着陡峭的台阶奔涌而下，流入一个更大的水池，然后顺路流向国王、海马等喷泉池。在这座由石头和大理石构成的优雅建筑中（周围环绕着造价不菲的塑像和花瓶，与地下水管相连），喷出的水雾高达二百七十多英尺。

从地势凸出的位置观看，或从"狩猎塔"，或是附近小山的"矗立之林"等位置观看，这里的花园、园林，以及几英里之外的山野，构成了一张美丽的地图。德文特河蜿蜒穿过山谷中，流过谷中迷人的树林，河上架起一座拱形石桥——仿造罗马台伯河上的石桥而建。附近有一座方形塔楼，四周环绕着护城河，这里被称作"玛丽的荫凉处"，当年，命运悲惨的苏格兰玛丽女王，就是被关在查茨沃斯庄园，并在这座塔楼里度过了大部分时间。不远处，是风景如画的小村艾登索，在这个村庄里，公爵大人为他的佃户们修建了整齐的小屋和办公建筑。小村四周环绕着一堵矮墙，墙头竖起了铁栅栏，外缘围着一丛丛的小无花果树、酸橙树、山毛榉和橡树，一座美丽的小教堂从中拔地而起，尖顶俯视着周围的一切。

再往远处，大约三英里的地方，有一座稍大些的村子——劳兹里村，坐落在德文特河与威河的河畔。艾登索村的教堂墓地里，在那些毫不矫饰的坟墓中间，埋葬着卡文迪什家族的许多成员。这里还为约瑟夫勋爵及帕克斯顿夫人设立了圣祠。

查茨沃斯庄园中有座石园，或者叫高山园，占地六英亩，可谓气势壮观。之后我会描述阿姆斯特朗勋爵的石园，它位于诺森伯兰郡的克莱格塞得庄园——在这座石园中，大自然的气息无处不在，天然岩石的布置方式，营造出绝佳的效果。相比之下，查茨沃斯庄园的石谷中，人工艺术的痕迹太重，自然气息过少。不过，即便是专业人士，也要经过仔细验看，才能发现，这里的模仿不够真实。岩石是从远处运来，堆在一起，形成一座四五十英尺高的悬崖，类似于嵌入山体的凸出岩架。在有些部位，大片岩石部分隐藏在常青藤中间，被密密麻麻的悬挂植被所遮蔽。从溪谷的一侧观看，有些巨石颇似一堵高墙，或是一面绝壁。当初，这些岩石被锯成许多段，仔细地加以编号，用卡车运送到庄园，然后按照它们在大山中的原始状态，重新组合起来，最终形成一道野性十足的壮观景象。在此之前，那里仅仅是一片光秃秃的山野，没有树木，一片凄凉的景象。从前文提到的喷泉中流出的水，顺着岩石表面或是石缝，流入铺满鹅卵石的水池内，水池周围生长着各类喜湿植物，如蕨类植物、苔藓、睡菜、毛毡苔和虎耳草。常青藤、铁线莲，以及大量类似的攀缘类植物，或附着在灌丛上，或与黑莓、野玫瑰、黑刺李、山楂等融为一体，有些如优雅的花彩，相互勾缠交织在一起，形成一片片荫凉，或围成一个个幽僻的角落；有些则爬上枯枝，斜斜洒下一片"碧波"。高大而舒展的山毛榉和橡树，笼罩着一片片草坡，坡上生长着茂密的英国月桂、葡萄牙月桂、水蜡树、冬青、枫树、杜鹃、山月桂、映山红及紫杉。在开阔地带，神情庄严的巨杉、银杉、诺比利斯杉、高加索冷杉、西班牙冷杉、花旗松及其他松树，有的单独矗立着，有的连片成群，形成一道无边无际的风景，也构成了一幅雄伟的背景，映衬着大片粉色、紫色、白色的石南花——这些花朵极不规则地点缀在草地上。

在石园的一个角落里，有一座著名的柳树喷泉，已经有二百年历史，风格极为独特。这是一棵用青铜塑造的柳树，塑造得惟妙惟肖，打开水龙头，水会顺着枝条从各个方向喷出。在园区的一个入口处，巨大的糙木拱廊下方，有一扇石头旋转栅门，重达三点五吨到四吨，门体支撑在一个转轴上方，转轴则嵌在一块稍小的石头当中。由于石门处于巧妙的平衡状态，只需很小的力气，或毫不费力，就能打开通向石园的道路。

January 1899

在一个灌丛环绕的幽僻角落里，生长着三棵纪念树，树上小心翼翼地贴着标签。一棵是英国橡树，当年女王还是维多利亚公主的时候栽下的。另一棵是栗树，1832年，肯特公爵夫人所种。还有一棵是小无花果树，由阿尔伯特亲王于1843年栽种。不远处是一列紫杉，树干虬曲，枝叶成荫，已经有五百年的树龄。透过几棵枝叶招展的橡树和高大的山毛榉，可以瞥见一小片美景——一片狭长的、绿油油的林间空地。树荫下生长着一片杜鹃，枝叶与青草融为一体。空地的尽头矗立着一根高大的石柱，这根石柱由四块石头组成，风格与雅典的弥涅尔瓦神庙的石柱相似。

在查茨沃斯庄园里，玻璃建筑占据了几英亩的土地。亚马孙王莲室里培育着王莲，栽种在一个直径为三十六英尺的水箱内，此外还培育了大量精选的水生植物，其中有一株优质的芡实，来自东印度群岛，在亚马孙王莲被发现之前，被认为是最具贵族气息的植物。睡莲大多已为人熟知，这里的睡莲品种有：巨花睡莲、埃及蓝睡莲、开着深红色艳丽花朵的泥盆睡莲、气味芬芳的多贝睡莲，以及圣藕百合——又称尼罗河玫瑰，开着玫瑰粉色大花，叶片像阳伞一般遮在花朵上方。室外有个大水塘，塘内栽种着普通的白睡莲及其变种——黄睡莲，前者在英国境内十分常见。附近还有许多兰花室，其中有几间用来栽种那些需要"特别待遇"的兰花，比如有一间屋子里培育着壮观的洋兰，大多来自巴西，有些花朵的直径为七英寸，还有些生长在篮子里，吊在屋顶上，大多为珍稀品种，如齿舌兰、蝴蝶兰，以及最绚烂的文心兰，这些兰花都来自美洲。有一间温室里栽种着来自巴西、墨西哥、不列颠哥伦比亚省等地的植物。这些植物需要新鲜的空气，这一点，直到最近几年才引起培育师的注意。许多热带植物需要自由流通的空气，才能生长得更茂盛。此外，还有一间屋子，室内拥挤异常，长满了形形色色的龙血树和巴豆，有的叶子呈条纹，有的呈斑纹，花朵颜色各异。之所以对这些植物感兴趣，是因为，其中有许多植物是我发现的，当时我乘坐着皇家挑战者号，在南太平洋诸岛之间巡航。除此之外，还有南非欧石南室、山茶室、杜鹃室、橘园，以及葡萄室，等等。

不过，那座巨大的温室向来被认为是查茨沃斯庄园最吸引人的特质之一。事实上，在邱园那座巨大的棕榈馆尚未建成之前，这里的温室始终位列世界植物温室之首，即便在今天，这座温室在很多方面都可谓罕有其匹。室内培育的热带珍稀植物，不论是从培育方法，还是从体态大小来说，都是其他地区所无法相比的。这座建筑长二百七十六英尺，宽一百二十三英尺，高六十七英尺，十字形穹顶的跨度为七十英尺。据说，建造这座温室耗资六万英镑，室内的热水管道如果排成连续的直线，长度可达六英里。一条马车道从中心区域穿过。这座高大且宽敞的温室，给予了植物广阔的生长空间，让它们像在热带地区一样，恣意生长，甚至会让人产生身在热带丛林的幻觉。这些植物并非栽种于花盆当中，而是生长在肥沃、深厚、排水良好的土壤当中。高大的椰子树、海枣、蜡椰、肯尼亚棕、锯叶棕、贝叶棕等棕榈类植物，都能够生长到自然高度——有些生长了五十年之久，密集且茂盛的枝叶，笼罩着下方那些不太瞩目，但依然高挑优雅的邻居们——树蕨（桫椤、蚌壳蕨及桫椤亚属植物）、人参、榭木、朱蕉、泽米及苏铁。大香蕉类植物——象腿蕉和阿比西尼亚香蕉，矗立在枝叶招展的同类植物当中，与非洲天堂鸟、奇异的马达加斯加旅人树等伙伴，展开着激烈的竞争，其中夹杂着一些面包果、木菠萝、糖苹果、鳄梨、槟榔青（猪李）、莽吉柿（被誉为"水果之王"）、柿子树、荔枝、桂圆、泡泡果、榴梿、频螺树、鼠李枣，以及其他热带和温带的水果树。此外，还有露兜树、海榄雌、榕树、肉桂、肉豆蔻、龙船花、阿舒伽树、宝冠木，以及其他十余种树木，不仅外形美艳，花朵奇特，枝叶也蔚为壮观。许多生命力旺盛的林下植物，如矮树蕨、海芋、秋海棠、胡椒木、紫露草、竹竽、水塔花、花叶芋，以及类似的植被，填充了每一处可供生长的空间。支撑穹顶的柱子上，以及高大树木的树干上，爬满了颜色艳丽的攀缘类植物，它们还沿着墙爬并部分遮盖了建筑的玻璃。在这座巨大的温室里，各类色彩艳丽的植物被混杂一处，产生了绚烂的效果。

来自交趾（今越南北部）的红蕉，五六棵为一簇，被混杂在由芦苇、竹子和山姜等阔叶和苞叶植物构成的淡绿和猩红的色彩中。此外，淡色的白粉藤、黄色的阿拉曼达、无数的飘香藤、山牵牛、铁线莲、马兜铃等植物，像彩带一般装饰着这些植物的枝干，将它们勾缠在一起，或者缠绕着高贵的喜林芋、石柑、龟背竹，这种色彩上的混合，形态各异的花与叶的组合，无法用文字进行更好的描述，只能加以想象。猪笼草类植物和兰花类植物，有的吊在篮子里，有的与鹿角蕨、雀巢蕨混杂一处，生长在树丛间。昙花等更为娇弱的仙人掌科类植物，被安置在妥当的位置——一座假山的高处，一道小瀑布从高处落下，流入下方的小池塘里，飞溅的水花、飘起的水雾，润泽着周围喜湿的沼泽植物。

描述这类特色的时候，没有必要对查茨沃斯庄园内所有的新奇植物进行一一列举，或是进行全方位的描述，不过，有一棵璎珞木堪称现存最美的树木，最初于1837年被德文郡公爵（已故）引入英格兰，简述一下它的历史无疑会令人产生兴趣。G.塞姆先生曾对卡斯尔顿植物园（牙买加）中的璎珞木进行过描述，沃里克博士曾为这种树命名，并以此纪念阿默斯特伯爵夫人，以及她的女儿萨拉·阿默斯特。它的第一个发现者是克劳福德先生，他于1826年在缅甸发现了这种树。1880年，塞姆先生写道："在这座花园里生长着一棵十八英尺高的植物，植株很矮，多枝，由于土壤养分贫瘠，并没有处于最佳的健康状态，低垂且松散的卵状圆锥花序，长度介于十五英寸与二十英寸之间，直径在九英寸到十八英寸之间，装饰性极强，猩红色花朵生长在枝干处。这种树的开花期长达两个月，许多花朵尚未展开，还是一朵朵花蕾。花朵美艳异常，可惜并无香味。这种树鲜为人知，不妨借此机会对其进行描述：每朵花序，包括柔软的花梗在内，长度为二英尺到二点五英尺，由二十到二十五朵小花构成，窄小的叶柄为猩红色，横向伸展。花蕊的柱头到花轴间的距离为七英寸，恰在两者中间部位，生有两片艳红色、椭圆－矛尖状苞叶，长二点五英寸，直径为一点五英寸。花器官包括四片外卷的花萼，深红色，椭圆形，或线状长圆形；三片（通常为五片，其中两片已夭折）竖立的花瓣；侧面花瓣呈匙形，高两英寸，深红色，尖部带有大面积浅黄色，下部花瓣呈长楔形，嫩白色，点缀着些许红色，继而横向扩展成反折叶片，点缀着大量浅黄色。不过，这类描述只能稍稍传达出这种花朵的美丽与明艳，说它是美中第一毫不过分。一串串叶片优雅地低垂着，呈紫褐色，挂在招展的枝干尽头，让整体效果显得越发美观。"

见到克劳福德先生发现的这种树后，沃里克博士写道："大约一个小时后，我来到一座残破的吉尤姆（类似于修道院的场所），附近是高大的寇宫山，距萨伦河右岸两英里，距马达班镇二十七英里……那里有两棵这样的树，最大的一棵高约四十英尺，距地面六英尺处，干围为三英尺，生长在洞穴附近；另一个较小，生长在一座旧水池的边缘，水池由砖石堆砌而成。树上垂着大量花序，朱红色大花，可谓东印度群岛内罕有其匹的一种植被。在我看来，其壮观和优雅，是世界上任何地区的植物都无法相比的……这里的人和马达班的镇民，都说不清它的原产地在哪里；但有一点可以确认，它长在这个省的森林中。即便远处的山野也点缀着它的花朵，这些花朵常被摘取下来，作为贡品放在附近的洞里……毫无疑问，这种树的枝叶一旦展开，花朵全部盛放时，一定是人类所能想象到的最美的景象。"

我曾多次试着为墨尔本植物园引入这种魅力非凡的树，令我欣慰的是，我最终成功了。这要感谢一位缅甸女士——洛小姐，她送了我一株健壮的树苗，如今正在墨尔本植物园的一座温室里苗壮成长。

英格兰北部最著名的景点之一，要数约克郡的斯塔德利皇家公园，园内有万泉修道院的遗迹。这座公园坐落在史凯尔河的河畔，距里彭两英里。万泉修道院始建于 1134 年，当初，约克郡大主教——瑟斯坦将这片土地赏赐给一群西多会的僧人，正是这群僧人修建了万泉修道院，随后，这里成为英国境内最富有的修道院之一。斯塔德利皇家公园本是里彭侯爵的地产，园内种着一片酸橙树，长达两英里，远远望去可谓画意十足。这片酸橙树一直通向一座方尖纪念碑，这座碑矗立在山坡上，从那里可以一览里彭和万泉修道院的绝美风光。游憩场大概建于 1720 年，依照当时流行的荷兰风格设计。园中的步道时而通向里彭运河，时而穿过林地，沿路而行，美景不断。这里栽种着一行山毛榉，与苏格兰德拉蒙德城堡内的山毛榉有些相似。沿着这些山毛榉向前走，便来到凯尔河边，河水经过人工导引，形成一道小瀑布，继而汇成一片湖，占地十二英亩，陡峭的湖岸上长满了山毛榉和橡树。

公园里可以见到许多高贵的树木，其中有几棵熊橡树，三棵为一组，体态苍老而矮小，周长为二十英尺。之所以叫熊橡

斯塔德利公园，约克郡，约 1820 年

树，是因为树干上的木瘤与熊有几分相似。小无花果树和马栗树的品种都不错，还有一棵七十英尺高的巨杉，是格雷夫伯爵在 1863 年种下的。不远处有一棵雪松，根据标识得知，那是（威廉）格莱斯顿所种。这里还生长着一棵我所见过的最大的黄杨树，它可以算是靠近宅邸最壮观的树木，高二十二英尺，粗四十五英尺，茂密的枝叶朝着草坪伸展开来。这片草坪上还点缀着一棵挪威槭，是由里彭侯爵夫人于 1863 年引入——从丹麦的哈姆雷特墓带回的一根枝条。此外，草坪上还有各类高大的冬青、壮观的葡萄牙月桂（历经 1861 年严冬之后，约克郡存活下来的少数月桂之一）、一棵一百英尺高的白蜡树，枝干光滑，枝叶成荫，以及一棵小无花果树，距地面五英尺处，干围为十八英尺。公园的中心矗立着一棵巨大的光榆树，距地面四英尺处，干围达到二十三英尺零六英寸。

史凯尔河两岸的坡地上，生长着许多高大的成材树，想要对每棵树都进行测量，显然没有必要，不过，那里有一棵云杉，一百三十二英尺高，还有一棵铁杉，高逾一百英尺。前者干围十英尺零八英寸，后者干围九英尺零六英寸。

万泉修道院中有棵紫杉，树龄高达几百年，但长势委顿。相传，在修道院建成之前，僧侣们就在这棵树下乘凉。树干已经枯朽，干围为二十四英尺零三英寸。与之相似的、最美的树，要数一棵金叶白蜡树，黑色的树干，独自矗立在草丛中，映衬着远方的翠绿。

February 1899

来自澳大利亚或其他地区的游客，在英国游览完毕返回家乡后，往往心满意足，认为已经欣赏到了英国的全部美景，但他们还没有探索过兰开夏郡、威斯特摩兰及坎伯兰的湖区。我只能说，这些人错得很可悲。对于普通游客而言，对于那些热爱风景的人而言，英格兰北部的湖区，拥有着独特的魅力。湖畔诗人华兹华斯曾说："英格兰北部的风光中，有一片极为引人注目且令人愉悦的风景。在这片完美的北方画卷中，这片风景的特性是必不可少的，它超越了苏格兰的风景，更在很大程度上超越了瑞士风光。"

然而，对于那些研究树木、花卉和枝叶的学生而言，对于那些灵魂追求自然和谐的人而言，对于那些热爱大自然之手创作的画卷的人而言，对于那些热爱青草郁郁的溪谷、丛林覆盖的高地、青苔遍地的河畔、花朵点缀的草地、茂密的森林、石南丛生的沼泽、闪亮且点缀着岛屿的湖泊、突兀的岬角、深邃的海湾、广阔的河流的人而言，这里所展现的，是一种超验的美感，一种无限且永无止境的美感。来到英国却没有参观湖区的访客们，自然可以凭空想象，认为他们见到了英国所有的美景，就像那些前往澳大利亚的游人，宣称自己对这个新世界已经了解透彻，但这些人还没有见过新西兰的冰川、湖泊、蕨谷及森林。

对我而言，游览湖区的时光是短暂的，但也是快乐的。恰逢初秋，树木的枝叶依然茂盛，有些已经开始染黄，大自然装饰着各类成熟或半成熟的色彩，展现出一幅丰富、多样且和谐的画面，不仅迷惑着我们的眼睛，更满足着我们的心神。

我这场过于短促的漫游，开始于"可爱的群山之间"（约翰·班杨语）——温德米尔湖，古称维南德米尔湖，意为蜿蜒的湖泊。毋庸置疑的是，温德米尔湖是英国境内所有湖泊中的女王。作为英国境内最大的湖泊，它有十一英里长，最宽区域超过一英里，上游部分雄伟壮丽，下游部分旖旎优雅，覆盖湖畔的树木一直延伸至水边，为湖面赋予一丝难以名状的魅力。这的确是一份"知性难以理解的平静"。

离开温德米尔湖，我继续前行，来到格拉斯米尔湖，一座小得多的湖泊，四周有高山小丘环绕。在格拉斯米尔村教堂的小片墓地中，一块朴素的石碑上刻着"威廉·华兹华斯"这个名字，这位诗人在"他热情歌颂且深爱的风景中"沉睡着，此情此景，令人愉悦，也令人神伤。的确如此，这块墓地或许也配得上"诗人角"的美名。不远处的凯兹维克镇，曾是诗人骚塞居住过的地方；哈特利·柯勒律治，曾经在附近的赖德尔湖畔居住，如今也长眠于格拉斯米尔教堂的墓地，墓碑上刻着一段感人至深的文字："我主基督，怜悯我吧。"同样，玛蒂诺女士、威尔逊教授（笔名克里斯托弗·诺斯）、赫曼斯太太（英国女诗人）、托马斯·阿诺德博士（英国近代教育家）——在完成拉格比公学的工作后，每个假期都会来此度假——等名人都在附近居住过。

回到温德米尔后，我取道克尔使顿隘口，来到奥斯湖。在英国湖泊中，奥斯湖虽然不是最大，但风光却最为壮美，长九英里，宽一英里，湖里盛产鲑鱼、河鲈、鳗鱼和白鲑，为钓客提供了绝好的环境。奥斯湖四周的风景可谓庄严，但绝不忧郁。高山风光恢宏壮丽，挺立在湖水两岸、坐落于佩特戴尔村与普利桥之间的峭壁上，很多地方，包括山顶，都长满了橡树、落叶松、杉树、桦树和山毛榉，似乎英国境内所有种类的树木都在那里，枝叶形态万千，色彩绚烂无比。我必须承认，在我见到丹马里特山（距普利桥村不远，接近奥斯湖的湖口）的风光之前，英国的秋叶之美，还从未让我如此陶醉。从湖畔到山顶，各色秋叶杂糅一处，呈现出一幅湖林交融的怡人画卷。如果请来一位画家，让他将我所见全部绘制下来，那又会如何？湛蓝的天空不见一片云朵，湖水镜子般闪耀，倒映着上百种色彩，整个大自然都沐浴在晴日的灿烂中！没有哪位画家能够描绘此景，我更无法用语言来述说。我只能说，从整体看来，整座山仿佛披上了一件树叶做的披风，最炽热的颜色，最柔和的色彩，相互融合在一起，偶尔，冬青和月桂会贡献一小块光润的绿色，云杉和欧洲赤松会点染一些蓝灰。我沿着一条蜿蜒的小径爬到山顶，沿途趁机审视和猜测着连我也不知道名称的树木和灌丛。深红色叶子的稠李体态庞大，其间点缀着铜色的榛树、玫瑰粉色和金色的枫树、小无花果树、马栗树、结满鲜红莓果的白蜡树、深红色的山楂树、榆树、山毛榉、鹅耳枥、杨树、桦树等，渐渐过渡到色彩柔和的樱草花；胡桃树、接骨木、金链花、水木、橡木，融进一片褐色；水蜡树、欧洲蕨和树莓，交错在一片绿色的灌丛当中。

　　缤纷的秋叶也是劳瑟城堡的一大特色。劳瑟城堡是朗斯代尔勋爵的宅邸，距彭里斯镇不远。这里的橡树、小无花果树和枫树，全都是最常见的树木，但令人讶异的是，它们的长势全都十分旺盛，且体态丰盈，绚丽的色彩让附近最明艳的花朵都黯然失色。这里生长着许多庞大的英国白蜡树，其中最大的两棵分别名为亚当和夏娃，干围均为二十二英尺，两者相距几码，矗立在气势雄浑、长满青草的梯形山坡上。这片山坡延展四分之一英里，站在上面，可以望见劳瑟河远远流淌，绕过阿斯克姆村，河畔涂着一层闪耀的色彩。在我参观这座城堡期间，这可算是最美的一道风景。

　　我抽出一天中最美好的时光，参观了切宁纳姆城堡。这座城堡位于诺森伯兰郡，是坦克维尔伯爵的宅邸，位于罗尔山（又称劳斯山或劳斯堡山）和切宁纳姆村之间。城堡的园林和游憩场占地约一千五百英亩，周围是如画的山野风光，绿色的田野中点缀着一簇簇树木，荒野中猎物成群，山脊上覆盖着冬青、月桂和接骨木。城堡东侧有片溪谷，谷中生长着高壮的接骨木、栗树和橡树。从山谷开始，地势开始渐次升高，一片片土地如阶梯般升起，一直通向罗尔山的顶峰。这座山峰海拔一千多米，站在山顶，可以望见罗曼人营地的环形遗迹。山顶风光可谓一目千里，娱人心目。大片的草场和突兀的林地占据了背景，环绕安尼克村的秀丽风光，密密麻麻的灌丛和庄严的榆树，以及位于西方的切维厄特山，山间的道道峡谷、蒂尔河及比米什河，为整幅画卷增添了一系列魅力非凡的景观。天气晴朗的时候，可在遥远的北方，望见那座名为"顿斯劳"的小山。这座山位于贝里克郡，具有重大的历史意义。1639 年，两万多名神圣盟约派成员在那里集会，准备为公民自由和宗教自由而战斗。在东方，海岸线的方向，可以清晰地辨明法恩岛、邓斯坦伯城堡、班堡及霍利岛。

城堡内的园林占地约一千一百英亩（主要包括银杉、赤松、山毛榉、橡树、落叶松和云杉构成的茂密森林），四周筑有围墙，园中养着一些鹿，还有著名的切宁纳姆野牛。如今，这种野牛已经被驯养，属于英格兰这个区域的特产。它们通常身形庞大，性情暴躁，十分危险，口鼻无一例外是黑白两色，牛角又尖又长，尖端为黑色。

在与鲁特梅尔教授合著的——《古代驯养的牛》一文中，已故的达尔文教授表示，它们是"古代巨大原牛的最纯种，但比原牛的体型小了许多"。欧文教授认为，它们的祖先可能来自印度，传统观点认为，"自约翰王，或者说亨利三世统治时期起，它们便已经被圈养，那时候园林刚刚开始兴建，它们大多来自苏格兰高地。"

在切宁纳姆担任司法官的贝里先生写过一本书，其中一个段落对这些牛的习性做出了描写，他曾将这本书借给我品读，有段文字读来着实有趣：

"从它们吃草的习惯，以及容易受到陌生人刺激的秉性来看，可以预料，它们应该不会长得十分肥硕；不过，通常而言，公牛长到六岁时，肉质最佳，所以不难猜想，在适当的环境下，它们可以被饲养得很好。一旦人类出现，它们便会全速出击，狂奔很远一段距离，然后绕个弯，继续向前奔，牛角高昂，做恫吓状；在四十或五十码远的时候，它们会突然停住脚步，目露凶光，盯视着惊吓了它们的对象。一动不动之后，它们会再次转弯，全速奔跑，但这次绕的圈子会更小些；在它们越发接近的时候，动作也更为凶猛，更具威胁性，这时候，它们又会停下来，然后继续奔跑。反复几次之后，距离越来越近，只在几码之外，此时，多数人都会出于谨慎，远远躲开。"

……

"母牛产崽后，会将牛犊藏在隐蔽的所在，长达一周或十天，然后离开，每日哺乳两到三次。如果任何人敢于接近牛犊，它们会用脑袋轻轻触碰地面，然后趴在地上，仿佛打算躲藏起来的野兔一般。这证明了它们本质上还是具有野性的。写下这段文字的人曾经发现过一只被藏起来的牛犊，以下描述能够很好地说明这一点。他发现的牛犊刚刚诞生两天，非常瘦弱。在他抚摩小牛的脑袋时，小牛突然站了起来，蹄子在地上刨了两三次，就像一只老公牛一般，随即发出响亮的哞叫，后退几步，突然躲开。不过，明白对方并无恶意后，小牛从他身旁跑过，但由于身子太弱，倒在地上不停挣扎，却始终爬不起来；经过这一番挣扎，整个牛群都已警觉，飞奔过来拯救小牛。他只好被迫离开。除非对母牛发起猛烈的攻击，否则它们不会允许任何人触碰牛犊。"

"当它们中的任何一名成员不小心受了伤，或是因衰老和疾病变得虚弱，剩下的成员就会扑上去，用角将它刺死。"在领地内觅食或奔跑的时候，它们由一头"王牛"带领。切宁纳姆园林内的国王头衔，并非通过世袭得来。要成为牛群中最强壮、最勇敢的牛，才有资格成为王牛。不过，如果它变老，变虚弱，也会失去王牛的尊严，因为牛群中的其他成员会攻击它，要么将它顶死，要么将它废黜，驱赶到阴郁、荒凉、最隐蔽的树林深处。无意间遭遇这群牛的旅客们，真是可怜！据说，它们的嗅觉极为灵敏，能像警犬一般，追踪一个人的足迹。爱德温·兰西尔爵士曾多次造访切宁纳姆城堡，他在园林里作画的时候，曾与这群牛遭遇，并且遭到了跟踪，为保证自身安全，他只能仓皇逃离。

我站在一片林木茂密的山坡上，有幸清楚地看到了这群"野性的白嘴牛"。天气十分晴朗，一些牛走出茂密的灌丛，到下方山谷中的草坪上吃草。这里还有很多鹿，显然与这群牛科的邻居相处得并不融洽。这是一幅生机勃勃且色彩丰富的画卷。在西方，切维厄特山勾勒出一道灰色的天际线，蜿蜒着向天际线延伸的山谷，点缀着斑斑驳驳的黄色、褐色和绿色。黄色是一片片干枯的断株，上次收获庄稼后留下来的——丰富的褐色，是枯萎的欧洲蕨——更加明艳的绿色，是郁郁葱葱的菜地和草场。

在东方，山毛榉、小无花果树以及悬铃木闪耀的秋叶与赤松那染蓝的树冠、桦树和橡树的银色树干，以及雪松招展的深绿色，融合成一片迷人的色彩，形成一个和谐的整体。接下来，目光稍稍落在位于边缘的那片密林，或是落在那绚丽多姿、结着红果的白蜡树上——我所见过的最大、最茂盛的一棵——累累果实压得枝头垂向草地。那群雪一般的"野性的白嘴牛"，还有那些欢快的鹿，为这幅画卷增添了点睛之笔。此情此景将永远存留在我鲜活的记忆中，也或许永远都无缘再见了。

March 1899

诺森伯兰公爵有一处宅邸，位于阿尼克村（阿尼克古堡），与大不列颠贵族的所有乡间宅邸一样，这座古堡无疑具有重要的历史意义，但在我看来，这座城堡在很多方面逊色于诺森伯兰公爵的锡永宫。锡永宫位于泰晤士河河畔，与邱园隔岸相望，宫殿附近是壮丽而广阔的游憩场。

不过，阿尼克古堡的园林却画意十足且十分广阔，蜿蜒的阿尼河在园中流淌，穿越一片广阔的山谷，谷中点缀着菩提树、山毛榉和橡树。在这片园林中，阿尼河跨越的长度近五英里。城堡附近有片大约十英亩的土地，四周建有高墙，里面是一座花园，园艺手法融汇了僵硬的意大利和荷兰风格。山坡上覆盖着大片的压枝常青藤，修剪得十分整齐，仿佛嵌在草地上一般。站在山坡上，可将花园的布局一览无余。总体而言，这座花园与基德明斯特镇生产的地毯有几分相似，色彩明艳。鲜红色的天竺葵、褐黄色的蒲包草、深浅不一的蓝色半边莲和马鞭草、白色的滨菊、色彩斑驳的莲子草、夜来香、秋海棠、三色堇、紫罗兰、石莲花，以及各类欢快且茂盛的一年生植物，都扮演着重要角色。到处可以见到各种花圃——圆形、椭圆形、长方形、星形、三角形、正方形，甚至还用花卉拼凑成字母图案，长二十多英尺，宽度与之相应，可谓园内的一大特色。黄杨与常青藤合种一处，修剪整齐，高度为六到八英尺，栽种于嵌在石子地面上的框格内。各种各样的冬青、英国月桂，以及金色、黄色和绿色的杉树，被修剪到不足几英尺高，要知道，如果放任不管，这些树木和灌木的长势会非常旺盛，但在这里，它们被限制了高度，为的是让它们茂密的枝叶形成"蔓叶状"或"刺绣样"的图案。我听说，为了将这片广阔的"地毯式"花园打理得井井有条，这里至少雇用了八名园丁。

近年来，这种园艺风格在英国的公共园林和私人花园中十分流行，受到许多人的追捧，或许是因为这种风格比较绚丽和时髦。这种展示花卉和枝叶的方式的确不凡，但客气地说，成本实在过高。单就花卉而言，一年当中，这样的展示连几个月的时间都难以维持。在我看来，这种园艺风格不具画意美感，而且不自然，但凡人工修剪过的地方，都应该更为谨慎才是，更重要的是，花园地势应该设计为下沉式，而且不该全然封闭，至少应该是半开放状态，如此才不至于减损或玷污自然风光之美。

在其中一座温室内，生长着一株巨大的滇丁香——一种在澳大利亚很少培育的珍稀类植物——高达十六英尺。一些美丽的新西兰耀豆、开着金黄花的荷麻（又称灯笼花）及黄蔓，经过引导后，爬上了高高的柱子，或房屋的支撑墙，高达二十多英尺，已经触碰到了玻璃，怒放的花朵形成了颜色上的对比，营造出十分生动且悦目的效果。

离开阿尼克村，沿着一条惬意的车道行驶十二英里后，我来到了美丽的诺森伯兰村。这个小乡村位于罗斯伯镇，坐落在切维厄特山附近的绿色丘陵上，地处英格兰与苏格兰的交界。向东一英里处，是阿姆斯特朗勋爵的乡间宅邸——峭壁庄园。这个名字可谓恰当，因为这座伊丽莎白风格的宅邸，就建在一座大山的高处，山体多峭壁，砂岩地质。

庄园内的所有区域——占地数百英亩——以及那座名副其实的石园，都是大自然恢宏壮丽的杰作，人类在利用自然材料的同时，也融汇了智巧、品位和技术。在这片半野性的土地上，锄头、耙子或铁锹几乎很少使用，巨大的峭壁之上，峭壁的裂缝中、幽僻的角落里，都长满了适当的植物。没有饰边的花坛，没有修剪整齐的花圃，温室不远处，只有一座荷兰或意大利风格的小小花园，距离主入口只有几码的距离，除此之外，这里所培育的植物，看起来全都像岩石一样天然且参差不齐，外来植物与本地植物争奇斗艳，覆盖着各个区域。野冬青、金雀花、越橘、日光兰、杜松等植物交织成一片，粉色、白色、紫色，琳琅满目，绵延数英亩。在山坡下方，在溪谷或峡谷中，生长着大量的草甸虎耳草、元宝草、泻根及许多兰花。偶尔，水龙骨、铁角蕨、阴地蕨、瓶尔小草、孔雀草，以及其他蕨类植物，在一些湿润幽僻的角落安下家来，色彩细腻的苔藓和地衣恣意地生长，黄色和白色的睡莲在池塘内狂欢，上方的岩石裂隙内，流下道道清泉，飞溅的水雾飘散在水塘里。

在最高的峭壁之间，奥地利松与地中海白松构成了一片茂密幽暗的森林，如果在面向迷人的寇奎特山谷的一侧，引入一些形态各异的绿植，或许会改善这种阴郁的气氛。不过，在很多地方，这片森林却为大片的杜鹃、黄杯杜鹃，以及长势旺盛的喜马拉雅杜鹃的杂交品种，提供了恰当的背景。在花朵怒放的六月里，这些杜鹃花一定会呈现出绚烂的色彩。这片庄园并非以各类松树而闻名，不过，在峭壁较低的区域，许多长势良好的冷杉、地中海柏木、杜松、南洋杉、落羽松、巨杉以及紫杉等，非常惹眼。作为一座天然石园，就其功能的而言，最了不起的地方在于，所有植物都能在这里茁壮成长，并与周围的环境保持和谐。各类灌木和草本高山植物生机勃发，茂密的多肉植物填充着幽僻的角落。高墙或岩壁上凿出了道道裂隙，巨石被工匠从石丛中撬起，任凭其自由滚落，直到它找到停息的位置。有些岩石被敲碎，磨成粗糙的沙砾，用于浇筑裂隙，或用于栽植车轮棠、黄栌木、越橘、欧洲越橘、岩高兰、接骨木莓、黑莓、丽果木、白珠树、虎耳草、鼠刺、虎杖、金丝桃、竹柏、矮绣线菊、婆婆纳、龙胆、姬石南、山月桂、欧石南、蝎子草、石莲花等。种种植物混杂一片，极具画意美感。

庄园内设有许多石头铺成的甬道，或是粗粗砍凿而成的石阶，蜿蜒着穿过石丛和山体的裂隙，或从巨石平坦的表面经过，或通向更平坦的道路和车道。偶尔，杜鹃花、映山红和山月桂凑成孤零零的一小片，时而连成广阔的一大片，占据了山上近百平方米的土地，其中的杜鹃花和高山玫瑰，我在瑞士的山中时常见到。

身处这"美丽的荒野"——我找不出更恰当的词来形容——一些风景自然而然会显得壮观异常，不过，这里有一道令人着迷的风景——或许，也只有在英伦三岛才有机会瞻仰到如此美妙的风光——让我久久无法忘怀。附近有一座高耸且平坦的巨崖，占地三四十平方码 ①，高出宅邸数百英尺，从这座高崖上，水晶般清澈的戴登伯恩溪蜿蜒而下，穿过远处石南丛生的荒野，流入两个人工湖——分别占地十二英亩和十五英亩。溪水沿着林木覆盖的缓坡而下，很长一段距离内都没有受到阻碍，流过一块乱石丛生的石床时，一道道小瀑布就此形成，急匆匆地穿过一座座糙木小桥，流向那片半掩在山毛榉、柳树和桦树中的山谷。左侧的远处，高峻的西蒙赛德山——该区内最高的山丘——拔地而起，峰顶峭壁耸立，罗斯伯里村则被簇拥在群山的怀抱中。右侧，高低起伏的山野里，点缀着温馨的农舍和一堆堆干草，切维厄特绵羊在平静地吃草，这番风景，只有画家或诗人，才能描绘得传神。

在英国，我们会发现，一旦到了某个季节，溪谷中便会铺满成片的风铃草、风信子、樱草花、猿猴草、野生的洋水仙、万寿菊、铃兰、勿忘草、紫罗兰、三色堇乃至兰花。山坡上色彩缤纷，长满了洋红色的石南，大片金黄色的荆豆。开阔的地带更为光耀夺目，生长着深红色的罂粟、山萝卜、耧斗菜、毛茛、紫色的鼠尾草、蓝色的矢车菊、亚麻、秋牡丹、花毛茛、龙胆、百金

---

① 英制面积单位，一码为 3 英尺，一平方码约为 0.836 平方米

花、千屈菜、珍珠菜、蓍草以及几十种本土或外来植物，显然是野生在一起的。森林或杂树林中生长着毛地黄、风铃草、番红花、虎耳草、秋麒麟草、毛蕊花、芸香海芋、聚合草、琉璃苣、脐果草、日光兰；成簇的雪花莲、雪片莲、黄精等，生长在成片的草莓和常青藤中间。在这些区域，还生长着大量的铁线莲、野玫瑰、忍冬、泻根等攀缘类植物。在大片的紫菀边缘，雏菊、翠雀、银莲花、向日葵、蜀葵、常绿植物、香豌豆、水仙（包括长寿花和黄水仙）、百合、鸢尾、羽扇豆、莨苕、月见草、牛眼菊，以及数百种其他英国本土植物和归化植物，全都长得十分茂盛。如果在澳大利亚的某些区域，如维多利亚州，这些植物会生长得更好，只要稍加关照，任其自由生长，不久便会在某些郡，如莫宁顿、艾弗林、雅拉谷等地的野生园中自由蔓延开来。此外，吉普斯兰的大部分地区都适合这些植物生长。

如果在适合的所在，大面积撒播一些以下的花种，又会产生多么璀璨的效果！比如，撒播一些深红色、黄色、紫色、橘黄色、绿色花朵的鸢尾；色彩深浅不一的水仙菖蒲、鸢尾兰、虎眼万年青、绵枣、美丽的六星百合的各类变种（如百合和蓝色）、艳丽的剑叶兰、垂筒花、柯勒西百合、朱顶红、黄花石蒜、菖兰、马利筋、各类赏心悦目的栀子花，更不用说来自他国的各类资源和我们本土的植被，包括新南威尔士、昆士兰、西澳大利亚及新西兰的可爱灌木。

说到这个话题，请让我引用梅恩·里德船长的一段话，这位既热爱花朵，又热爱冒险的船长，在《黄牛猎人》一书中，用"荒草原"来代指点缀着大片花朵的美国"遥远西部"："花朵再次休息了。空气中弥漫着香甜的气息，就像阿拉伯或印度香水一样甜美。无数的昆虫扇动着翅膀——它们本身也是一朵朵花。有些蜂鸟像一束走失的阳光，一闪之间匆匆逃走，有的嗡嗡震动翅膀，悬停在空中，啜饮着一杯杯甘露；野蜜蜂拖着沉重的腿脚，流连于粘满蜜糖的雌蕊上，有的则哼着幸福的小调，飞往远处的蜂巢。是谁种下了这些花朵？是谁编织了这风景如画的大草原？——是大自然！这是她最艳丽的披风，色彩比开司米围巾还要艳丽。这就是所谓的'荒草园'。但它的名字取错了。它是上帝的花园。"

　　在本人的评论中，将会不止一次用到"自然"（natural）或"野生"（wild）园林一词。"野生园"（wild garden）与注重形式的园林、公园或游乐园相对，因为后者均是按照线条和规则布局。为避免误解，我会尽量解释这一词的内涵。就抽象含义而言，"荒野"（wilderness）仅仅指这样一片土地，在这里，树木灌丛，不论大小，乃至野草的生长都全部由自然决定，任凭其为生存而斗争；事实上，也是指无人照看的、只有"既能将世界遗忘，又能被世界遗忘"的隐士才会去追求的土地。

　　野生园则有所不同，尽管"荒野"也是构成它的一部分。许多园艺师，特别是那些遵奉算术之精准、分布之均衡、测量之细致入微的流派，他们似乎认为，建造野生园就意味着，把当前打理得十分规整的土地，改造成由花卉构成的、杂乱无章的土地。没有比这更离谱的假设，因为在两个极端中间，存在着折中——一方面，避免将自然置于线条和规则之下，全然不顾生硬和迂腐，将花朵和植物排列得像是普鲁士的军队；另一方面，借助艺术和品位的帮助，防止凌乱恣肆的生长。换言之，我认为，"艺术之完美在于隐藏艺术"，因此，野生园是借助艺术而臻至圆满，与自然相融合，自然的美，自然的优雅，自然的宜人，皆取而用之；凡过甚或怪诞者，都可弃而去之。

然而，即便令自然自行其是，也很少会出现"过甚"，更不可能出现"怪诞"的状况。只要听从自然的懿旨，我们就明白如何作为。在那些比我们国家更古老、更不发达的地区，效法自然可能会很难，若非精心打理，只有耐寒植物才能茁壮成长，人力之花费会更高。而在澳大利亚，我们不仅可以种植温带的耐旱植物，还可以种植无数所谓的"亚热带"品种。在这方面，我们具有十倍的优势。无论是把野生的林地及其特点移植到园林里，还是将园林中花朵的野性魅力迁至林地，对于我们而言，都没有半点困难。（此部分内容曾收录在加法叶发表的《"野生"园林》一文中。）

April 1899

肯特郡和萨塞克斯郡的贵族庄园十分迷人，参差不齐的、天然的轮廓，不仅吸引着那些热爱森林风光的人，就连宫殿、宅邸本身，在很多层面上，都是完美的艺术珍品。位于七橡树区的诺尔庄园——萨克维尔勋爵的府邸——就是这样一座庄园，其中收集了许多历史名人的画作，古代大师的风景画，以及可以追溯到詹姆斯一世、查理一世时期的家具。

目前的宅邸是一栋詹姆斯一世风格的古建筑，之前的建筑属于撒克逊国王。

在诺尔庄园，很难看到什么精致的园艺，不过，庄园里的园林却是例外。这座园林周长五英里，地势起伏，能够远远望见由橡树、榆树、小无花果树、山毛榉等构成的大片树林，林中生活着数百只黇鹿。偶尔，在草地或是空地的边缘，可以看到大片密集的榛树、月桂和杜鹃。事实上，这座园林足可以称为森林游憩所——山鸟、歌鸫以及夜莺的家园：

可是鸟儿们自然知道，树枝挂在哪里

就像挂在巢边的一幅窗帘

它们沐浴着阳光，颤声鸣唱

歌声中似乎带了新的音符

是可爱的小知更鸟和小雀儿

还有其他的鸟儿们，在齐声合唱

诺尔庄园所处位置十分巧妙，不但风光如画，对树艺家而言，更具有强烈的吸引力，因为这里的树木生命力旺盛，长势好得出奇，而且它们居然生长在主要由沙和砾构成的土壤中。

橡树、山毛榉、酸橙树、花旗松、银杉，以及落叶松，能够产出大量珍贵的木材，是庄园收入的一大来源。许多树木，特别是山毛榉——这里有一片高大、笔直的优质样本——每棵的高度都有一百三十英尺或更高，平均每棵树能够产出四百或五百立方英尺的木材。

据说，英格兰地区最大的山毛榉就在这座庄园里。"王"山毛榉，与"后"山毛榉，生长在"霍克伍德"区的"公爵夫人步道"附近，道路旁边是一列挺拔的橡树。这两棵山毛榉都有数百岁，是同类树种当中最为出类拔萃的。"王"树的干围（距地面五英尺处）为三十二英尺零四英寸，"后"树——大约在一英里之外——几乎同样粗。这可是庄园内的两位老居民。它们的四周用结实的铁箍和铁链加固起来，枝叶成荫，树冠足有三四棵普通树大小，占据空间的直径为一百英尺。据估计，树干及巨大的枝干至少能产出一千四百立方英尺的木材。

距离这两棵"皇族之树"不远，有一棵"老橡树"，又称"约翰王树"，矗立在林边，四周用带刺篱笆围着，并用许多把叉子支撑着。这棵树十分古老，应该给金雀花王朝的男爵和骑士们遮过荫凉。在两棵虬曲的枝干中，还有些生命迹象存在（原书编按：十年前作者看到它的时候），巨大的主干已经朽烂，里面填注了混凝土。

英格兰的庄园中，很少有哪座拥有如此多样、如此高大的古树。这些树粗大而笔挺，树叶茂盛，树枝招展。马栗树的外形较为对称，体态庞大，几乎在山坡上的任何地方都能见到。不过，所谓的甜栗树和白桦树中，只有极少数称得上高大，据说曾经倒是有许多。

白蜡树也不例外。体态庄严的小无花果树和郁金香木，干围达到了八九英尺，倒也并非不常见。

对于庄园的访客而言，最快乐的景象之一，要数那一行行或一片片的菩提树、酸橙树、巨大的榆树、高耸的山楂树，以及结满红莓的、壮观的冬青。一棵优质的酸橙树名叫"乞丐灌木"（具体原因不详），占据了很大一片空间，枝叶垂在地面，堪称高贵。

一棵厚朴树长得异常庞大，一棵角树和一棵红橡树的干围（距地面一码处）分别为二十一英尺和二十五英尺。有些松树也异常高大，起伏的山地极适合它们生长。花旗松，银杉、赤松、黎巴嫩雪松、五叶松，以及奥地利松，均为松类上品，其中一棵银杉巨大无比，高度超过一百三十英尺，干围十一英尺零六英寸。

一些古老的赤松，干围也不遑多让，树干高大而光滑，树皮为红色，矗立在山巅，面朝东北，看起来极具画意。还有些绝佳的品种，比如加州红木、智利南洋杉、加拿大云杉等。一棵巴西南洋杉——英国目前培育的树木中，较为稀有的一种树——在一堵墙的遮蔽下，长到了三十英尺，巨大的树冠向四方延展，形成一道较暗的背景，映衬着几棵著名的稠李树，树上的叶子呈现出闪亮的暗红色。据说，与英格兰其他地区相比，肯特郡的樱桃树更完美，体态更庞大。的确，密林或荒野中有些野樱桃树，平均高度为五十到六十英尺，树干直径为二到三英尺。

园内及诺尔庄园近郊的林地风景可谓出众，笔者永远不会忘记那远处的森林，那高墙之间的茂密枝叶——绵延不绝，一直通向奇斯尔赫斯特及皇家唐桥井；也不会忘记，那雅致的林间沼地——狭长而蜿蜒——逐渐融入大片的欧洲蕨和草地，草地上点缀着高壮的橡树和垂枝山毛榉。"威德尔地区"，或者说，肯特郡和萨塞克斯郡的南北丘陵，向远方平静的山谷延展而去，谷内是朴素的生活和勤劳的耕作，俨然一幅绝美的田园图景。一群纯种阿拉伯马在田野里觅食，这些青葱的牧草，显然令它们十分享受。

啤酒花盛开的季节到了，远方的种植园里耸立着一行行榆树，榆树中间，十多个妇女和孩子正忙着采摘啤酒花，好一幅动人的场景！天空是深蓝色，阳光闪耀，看不到一丝云，除了采摘花朵的人，一切都仿佛静止不动，那样安静。饱览一番远处的风景之后，我游览了一片林木覆盖的溪谷，那里才是真正的"野生园"。小溪的岸边生长着野玫瑰和忍冬，一簇簇忍冬和金莲花，躲在高树投下的树荫里。寂静笼罩着溪谷，偶尔听得几声鸟鸣。

在山毛榉和橡树撑起的大伞下面，杜鹃、映山红以及冬青等植物，长得要比园内还茂盛。几棵冬青单独矗立在欧洲蕨和紫色的石南中间，枝叶远远地延展出去，支撑起大片的旋花、泻根、忍冬及铁线莲。

在前往英格兰以及返回澳大利亚的途中，我遇到了好运气，得以在锡兰停留几个小时。不过真是遗憾！我多年来的夙愿——到康提去看一看，瞥一眼佩拉丹尼亚皇家植物园（距科伦坡七十五到八十英里）——始终未能实现[①]。尽管行程有些紧张，我还是充分利用了有限的时间，骑着马或乘车，匆匆辗转于科伦坡附近的公园、私人园林或种植园之间，随后又不辞路远，赶往加勒，为的是尽可能地欣赏那人间天堂的美，以及那里植被的盛况。

我对生活在热带地区的主要植物类型非常熟悉，因此，一眼就能认出那些多年未见的水果和花卉，它们已经是我的老相识了。这座小岛上不仅生长着各类土生植物，还有许多从其他热带岛屿引进的植物。

对于来到锡兰的每一位游客而言，这里独特、多样且壮美的风光，以及无处不在的、绚烂的色彩，一定会给人留下深刻的印象。

[①]　1904 年 4 月，在前往珀斯和卡尔古力时，加法叶乘坐奥菲尔号前往锡兰，并参观了佩拉丹尼亚皇家植物园，终于实现了他的愿望。

在散步或者乘车的时候，热爱植物的人，自然而然会停下来，盯着遍地的花丛，或是茂盛且招展的枝叶，心里充满了仰慕和讶异。的确，几乎每走几步，都会发现有趣或令人惊讶的植物。小岛的海岸边缘长满了高贵的椰子树，在岛内形成一条宽阔的带状区。它们同样大量分布在数不清的马路和小路旁，弧形的羽状叶子，遮挡了炎热的太阳，洒下一片值得感恩的荫凉。最具画意的是这里的大街，街道两侧是高大的棕榈树，四十到五十英尺高，下方长满了植被。一些高大且枝叶茂盛的树木，挺立在迷人的大道旁，绵延数英里之远，同样分布在小乡村和当地的花园里，这些树包括杧果树、面包果树、木菠萝、泡泡树、香蕉树、芭蕉、菠萝，等等。这里盛产各类热带水果，就连那些显然被人忽视的地区也不例外。众所周知，僧伽罗人是最粗心的种植者，只要将插条或幼苗插在地里就算完工，剩下的便是任其自生自灭。本地的种植者信奉密集栽种的信条，从没有人试着去改变秧苗的疏密程度，而这便意味着适者生存，将植物交给大自然这位母亲去哺育，但令人惊奇的是，这里的一切植物，都生长得无比茂盛。

百香果、番石榴、橘子、酸橙、柠檬、柚子、石榴、枇杷、提子、柿子——事实上，欧洲人种植的所有水果，质量远比僧伽罗人种得更好，这一点，从科伦坡集市上出售的水果就能看出来。就连这里的杧果也不像传说中的那样可口，这是因为，这里栽种的杧果秧苗，有太多是野生的变种，这里的苹果、梨子和橘子也不例外。这些品质较低的杧果，味道有些像松脂，肉质纤维太多。不过，杧果树倒是一种美丽的装饰，嫩嫩的新芽，仿佛一簇簇色彩绚烂的小花，与深绿色的成熟叶子形成鲜明的对比，远远望去，十分美丽。在许多园林里，我发现了罗望子果、红毛果（一种味美可口、深受青睐的水果）、芝果、鳄梨、阳桃、中国人喜爱的荔枝、硬皮橘、几种番荔枝、释迦果和酸甜可口的糖苹果、黄皮果（与橘子有着亲缘关系，在中国及印度群岛很受欢迎），还有几棵远近闻名的榴梿，这种水果构成了马来半岛居民的大部分食物；一棵山竹孤独地挺立着，这种水果也产自马来群岛，向来被称作水果之王，口味极佳，但奇怪的是，在锡兰，这种水果种植得并不多。此外，还能看到海枣、槟榔、几种西谷椰子（果实中可以获取西谷米）、糖棕、粗糖棕、王棕及扇棕。有时在园中还能看到贝叶棕，壮观的叶子可以用来制作扇子、雨伞等十几种用品。棕榈一族可谓"植物王国里的王子"，不仅外形优雅、高大，还具有多种实用价值。椰子不仅是这片风景中的一大亮点，更是小岛工业的主要来源之一。种植园内大概有一千五百万（有人说是六千万）棵油料树，每棵树每年生产八到十夸脱油。据说，椰油、椰仁干、椰子壳粗纤维、纤维的出口，每年超过六十万英镑。

这里还盛产肉桂、多香果、肉豆蔻、丁香、生姜、香草、茶叶、咖啡、糖、大米、竹芋木薯、山药、槐蓝、烟草等。种子可以制作巧克力的可可树，偶尔能在公园和私人园林中见到，在这个国家的高地区域，占据了数千英亩的土地，近几年，可可与茶叶已经取代了咖啡的位置。

我听说，这里种植的金鸡纳树多达一亿三千万棵，仅1887年，树皮的出口便创造了七百万英镑。不论夸张与否，金鸡纳树的栽培，无疑是锡兰最重要且获利最丰的产业。那些被我们国家放在温室里、栽种在花盆里，并给予小心呵护的珍稀植物，在这里却生长在街边，生长在每座园林里，无论大小，全年都绽放着各色鲜艳的花朵。

一些知名品种，如贝母、秋海棠、塔椒草、竹竽、锦紫苏、紫露草，以及美丽的蓝花鸭跖草（墨西哥土生植物）、嫩叶含羞草、柠檬草、西印度群岛的吐根、长春花，以及十几种植物和灌木，由于生长和蔓延速度过快，常被当作野草来对待。就连长在灌丛和内陆丛林中的美丽兰花，也因太过寻常而不被欣赏。任何事物都是这样，只要大量存在，不管有多么美，都不会被人珍惜。

通往加勒港的公路两侧，坐落着许多园林和种植园，里面长满了花朵、水果，茂盛的枝叶和绚丽的果实，美丽非常。在设计布局上，这些园林并没有出彩之处，但园中的缤纷色彩却令人目不暇接。比如，朱槿的单花或双花变种，一般能长到十到十二英尺高，体态庞大，呈现出一片鲜红色或深红色，偶尔会出现几片绿叶，打破这绚丽的红色。墨西哥的一品红也是如此。这种灌木的体态也十分庞大，一簇簇火红的托叶装点在枝头，着实令人眼晕。托叶一般能长到十英寸长，完全发育后，宽度也能达到十英寸。凤凰木，又称"马达加斯加的骄傲"，或称"凤凰花""绚丽树"等，高度为四十英尺或更高，枝叶类似金合欢树，能结出宽阔的豆状荚果（长一英尺），花朵为塔状，呈鲜红色和黄色。此外，还有各类高大的、簕杜鹃的变种（叶子花、光叶子花、南美紫茉莉、九重葛、千日红），有的在开阔地带生长，体态如大型灌木，有的攀缘在建筑上，所及之处，全都被它压得喘不过气来。绽放出一条条丝带般的花朵，蓝紫色、淡紫色、红色，甚至还有玫瑰粉色。

蓝花藤，一种美观的马鞭草科缠绕植物，又被称作"巴西紫花冠"，常常与房屋游廊柱子上的蜡花，或马达加斯加茉莉缠绕在一起，花朵散发着怡人的清香。不过，另一种白黄两色的花朵——鸡蛋花，香气更为浓烈，几乎在僧伽罗人的每一座花园里都能够闻到。市场上出售的花束中，大多含有这种花，它比栀子花的气味还要浓烈十倍。栀子花是一种灌木，在锡兰生长得十分硕大。

偶尔会看到几棵珊瑚树，外形十分壮观，特别是一些草茎的种类——鸡冠刺桐、切诺基豆，以及两者的杂交品种，开出暗红色尖状花朵。不过，鸡冠刺桐挺拔的总状花序是火红色，在蓝天的反衬下，仿佛一缕缕燃烧的火焰，在一些绿色植物（如木棉、榕树、杧果树、面包果树、巴西红木，或是大片的香蕉树）的掩映下，可谓想象中最为绚丽的景色。这些树木或灌木的花朵，有的是猩红色，有的是深红色，与周围的黄色融合为一处，几欲令人眼晕。比如，我注意到几棵肉桂，一簇簇金黄色的花朵，仿佛要把树干压折。腊肠树，又称"皂荚树"，因为生着柱状木质褐色的荚果而得名，长两英尺，吊在树干上，仿佛一根根拐杖，迷人的枝叶与白蜡树相似，总状花序，花朵为黄色，较长，悬垂在树干上，与金莲花有几分相似。翅荚决明是另一种较为壮观的肉桂，来自西印度群岛，花朵笔直而修长，呈黄色，尖状。若论优雅，非总状垂花楹莫属，这种植物来自马达加斯加，完全成熟后，可长到四十到五十英尺，蕨叶，总状花序，花朵为猩红色，生长在上方叶子的叶腋处。一棵雨树从上到下都缠满了鲜艳的攀缘类植物——黄鳝藤，只是当时恰巧没有开花，不过可以想象，今后会生出亮黄色花朵，以及长长的总状花序。雨树与地中海地区的角豆或圣约翰面包一样，荚果被用来制作牛的饲料。

在锡兰的某些区域，金龟树并不罕见。这是墨西哥炎热地区的土生树，弯曲的荚果含有甜美的果肉，可以食用，被称作"马尼拉罗望子果"。据说，是西班牙人将这种实用的树木（他们称之为"Guamuchil"）引入菲律宾群岛，随后又流传到印度和锡兰。

May 1899

当地的一位花艺师拥有一座半野生的小花园，在这座花园里，我第一次看到了可爱的"珊瑚藤"，它当时正绽放着花朵。这种攀缘类植物原产于西印度群岛和南美洲，属于著名的蓼科植物。花朵的萼片长半英寸，外部为亮玫瑰色，中心部位颜色更深，一簇簇地悬垂在密实的心形绿叶间。这里还生长着一种开花的爬藤植物——蝶豆，天青蓝色，属于豆类，来自马来西亚的特尔纳特岛，花部边缘为纯白色，占据了一片九至十平方码的花圃，藤蔓先是被压在地上，然后才允许其释放攀爬的本性。它们与外形细长的藤蔓类一年生植物（如茑萝松，或是那行栽种得很密集的、开着浅黄色花朵的黄蝉）缠绕在一起，形成半道篱笆。黄蝉还有另一个种类，原产于巴西，开着淡黄色大花，覆盖着一间老旧的小棚子，棚子里堆满了腐败的山药和椰子。有一种攀缘植物（使君子）来自仰光，伞状花序上，开着白色、粉色和红色的花朵，覆盖着几棵老树的树桩，有的形成一道美丽的荫凉，有的构成一道道带花的拱门。

我离开前往加勒的主路，到一个小村子里漫步，村里有十几间草房，坐落在香蕉树和"椰王树"浓密的枝叶下，几乎不见日光。椰王树是普通椰树的变种，非常受欢迎，开亮黄色小花。刚一进村，我便遇到一个近乎半裸的主妇，她在我的衣扣眼里插了一朵鸡蛋花，气味极为难闻，我很快便扔掉了。她有些恼火，但依然缠着我要钱，我只好给了几个铜板，将她打发走了。在一棵死去的面包果树的根部，生长着一簇仙人掌，开着红白两色的花朵，令我心醉神迷。一些聪明的僧伽罗孩子看到了，便立刻围拢过来，纷纷叫道："老爷，给我们钱，我们带您去看那边的大花。"一边说，一边指着半英里外的一大片竹林。我拴好马，走了过去。时间宝贵，我沿着一条小径匆匆走着，穿过一片杧果林，来到一条小河边，河畔长满了凤梨科的植物和竹芋。这里的竹子梢部呈拱形，高达五六十英尺，形成一片令人感激的荫凉，远远延伸出去。最终，我们来到一小片湖水旁，水不深，里面长满了美丽的玫瑰色莲花。很显然，这里曾是一片怡人的花园，如今却成了牧牛的围场。我发现了几棵胭脂树，树种子周围的红色物质，经常被印第安人和南太平洋岛屿上的土著人用来涂抹身体，还可以用来制作价值不菲的丝绸染料，荷兰人用来给黄油和芝士上色。这些胭脂树大多被公牛踩倒，或是毁坏，不过，两棵腰果树却长得很好，开花的同时也结着果子，几乎没有被触碰过。

这是我第二次从科伦坡前往拉维尼亚山，一路所见颇为有趣，令人心情愉悦。道路和岔路两侧是大片的花园和种植园，里面生长着各类植物，远远延伸出去，长达七八英里。总体而言，这些植物可以算是这座热带岛屿植被的典型。没走几步，就会看到一些花、叶或者果实都非常奇异的植物，真可谓秀色可餐。透过密布的竹林、优雅的棕榈，偶尔能看到别墅花园。眼前出现一簇巴豆，色彩斑斓，深红色、金黄色、乳白色、褐色，或呈条状，或呈点状，高低不齐，琳琅满目。这里的哑藤叶子更宽，边

294

缘带着象牙白，或泛着些浅黄色和绿色！那里又出现一丛直立牵牛，形态高贵，高达八英尺，几乎淹没在深蓝色的花朵中。不远处，在一片猩红色的木槿中，生长着许多紫薇——通常被认为是"印度的骄傲"——它们准会绽放出玫瑰粉色的尖状花朵！再往前走便是一片封闭的土地，左侧有一座倾斜的小房子，被密密麻麻的植物遮盖起来，其中有紫色的九重葛、粉白两色的紫薇，以及蓝色的旋花。一群光着身子、古铜色皮肤的孩子，正欢快地嬉戏着。附近有棵肉豆蔻，半熟的果实落在地上，这群孩子拾起果子，相互间抛着、扔着。我们把马车交给一个僧伽罗男孩照管，穿过一片混杂林，林中都是些年轻的椰子树、橘子树、面包果树和香蕉树。突然，我们的注意力被一棵旋叶松吸引过去。这种松树的叶子可以制成装糖的袋子。林中还生长着几棵苦木树，一棵矮小的吊瓜树（努比亚圣树），结有椭圆形、软木皮的果子，果实长达十五英寸。我们在一棵榕树的荫凉下歇息了片刻，然后又原路返回，回到了主路上。这时，我们不禁被一群在枝干间飞舞的绿色甲虫所吸引，偶尔有几只绿色的小鸟飞起，轻快地歌唱着，飞入一片肉桂林中。有人告诉我们，这里有许多绿色的蝴蝶，但我们一只都没有见到。我们捉了几只甲虫，发现它们的身体有半英寸长。拉维尼亚山是海岸线上的一道亮丽风景，我们在那里徘徊了半个小时，休息了一阵，然后回到科伦坡坐轮船。

返程时，我们选择了与来时不同的一条路线：沿着海岸线行进，绕道前往加勒菲斯绿地。途中，我们穿过一小片热带风景区，那里的风景之迷人，简直难以想象。在一片面朝大海的翠绿山坡上，我们尽可能长地逗留了一阵。周围是一片艳丽的色彩，可爱无比，可以说是名副其实的伊甸园。背景是一片茂密的椰子树、杧果树、香蕉树、面包果树，以及各类植被。这片翠绿色的草地，被一道锈色的红土坡隔开，土坡另一侧，是广阔的金黄色沙滩，海水翻涌着，泛着雪白的浪花，远处是温暖的印度洋，蔚蓝色的海平线，与泛着深红色和淡黄色的天空融为一体。在金色的沙滩上，一群黑眼睛、古铜色皮肤的小女孩在捡拾贝壳；孩子们有的在嬉水，有的在海浪里打滚。她们丝绸般的头发上，戴着深红色木槿花编成的花环。在接下来的行程里，我们看到了一些路边的花园，大多像是一幅幅花叶编织成的挂毯。

如前文所说，锡兰的巴豆和各类灌木，体态大得令人吃惊，这充分说明，肥沃的土壤，充足的水分和阳光，不仅影响植物的体态，更影响叶子的鲜艳程度。这种颜色，是任何能工巧匠都无法培育出来的。我们的温室里，种植着许多斐济岛的猩猩草，如果移植到锡兰，一定会引起瞩目。不论是在原产地，还是在新赫布里底群岛——我曾在那里看到过几英亩的猩猩草——都不会像这里一样，产出如此艳丽、如此庞大的猩猩草。了解这种植物的人，一定可以想象，它们会恣意生长，延展成一片灌丛，长到十二到十四英尺高，宽阔的卵形叶片上，点缀着火焰般的深红色、黄色、玫瑰粉色及铜绿色！通常情况下，如果花朵的颜色过于绚烂，叶子便不会引人注目，但是在这样一幅绚烂的图景中，没有人会单单去看那些俏丽的花朵。我们经过的一座花园里，生长着几大片猩猩草，与一些马达加斯加的"旅人树"形成鲜明的对比，可以说美到了极致。

要说体型巨大、叶子鲜艳的外来植物，我们的园林中倒是有些著名的秘鲁凌霄花，白色的花朵呈喇叭状，气味芳香，十分惹眼。在凉爽的气候环境中，叶子颜色通常为淡绿色；但是在科伦坡，我见到的几株凌霄花，却是乳黄色的叶子，顶部的枝干几乎逐渐褪变为白色。这种异常的颜色，或者说，因为叶绿素的缺乏，或许是由于气候炎热，或许是因为土壤的某些特性，但不论如何，它们的高度足足有十八英尺，体态庞大，即便缺少绿色，也不会显得毫无生气。与澳大利亚或是其他地区相比，这里的凌霄花要壮硕得多。海边生长着一大片木曼陀罗，其间点缀着些鲜艳的铁苋菜、几棵巴豆，还有令人仰慕的贝母。这番景致在我的记忆中将永不褪色。椰子树仿佛无处不在，羽毛般的叶子在微风中轻拂，更为这番景致增添了一分魅力。在这幅美得惊人的画卷的中心，在难以描述的、美丽的叶子、花朵和果实的怀抱中，我在广为青睐的锡兰岛上，度过了最后一个小时的时光。荣耀的上帝将最宝贵的植物赐给人类，让它们尽情生长，我的心仿佛与这天赐的福祉融为一体，仿佛瞥见了人间的天堂。此番感受，有谁体会不到呢！

我已经尽力去描述这片风景难以言说的美，描述那形式的丰富、那色彩的灿烂。但是对于那些没有目睹的人而言，仅用文字，绝对无法充分描绘出热带植被的盛大与绚烂，描绘出这土地、大海与天空的色彩，也无法描绘出那色彩明艳的鸟儿、蝴蝶、甲虫，或是无处不在的、蓬勃的生命。这些画面，我永远不会忘记。

后　记

在这场盛大的旅行中，加法叶遍览了欧洲大陆和英伦三岛的著名园林，其间，他与妻子的儿子——威廉·詹姆斯·尤尔·加法叶诞生。加法叶于1890年12月，乘坐奥斯特洛号轮船返回墨尔本，妻子爱丽丝和孩子威廉于1891年4月返回。

1915年，丈夫去世四年后，爱丽丝迁往英格兰，与儿子威廉和儿媳玛丽·古德·泰勒生活在一起。威廉和玛丽育有三子：约翰·古德-泰勒·加法叶、威廉·罗伯特·尤尔·加法叶，以及詹姆斯·纳尔-拉姆希·加法叶。1931年，玛丽去世，威廉与埃尔斯佩斯·恰尔德再婚，对方是一位孀居女子，育有三个孩子，年纪比威廉的孩子大些。

威廉·詹姆斯·尤尔·加法叶是一位战功卓著的空军指挥官，1948年4月，在墨尔本去世。1953年3月，爱丽丝在苏格兰去世。

致　谢

感谢彼得·马里尼克——澳大利亚和新西兰银行集团有限公司的档案保管员——为我们提供了多卷《澳大拉西亚银行家杂志》；感谢维多利亚州立图书馆的乔·利泰尔，允许我们将合订本《澳大拉西亚银行家杂志》带出馆外并进行专业复印。感谢约翰·加德摩尔在这个项目中给予的协助和他不懈的努力；感谢菲利普·莫尔帮助我们追溯威廉与爱丽丝·加法叶的行程；感谢维多利亚州家谱学会，帮助我们寻找与加法叶、古德·泰勒，以及基宁蒙思家族的相关档案和记录。最后，我们要感谢哈米什·弗里曼、佩吉·阿莫、路易斯·斯特林及萨里·西斯，感谢他们为本书做出的重大贡献。

植物园，背景为墨尔本市，1863 年

图书在版编目（CIP）数据

乐园：欧洲园林之旅 / (澳) 威廉·罗伯特·加法叶著；(澳) 埃德米·海伦·加德摩尔，(澳) 戴安娜·艾弗林·希尔编；刘洋译. —北京：中国工人出版社，2022.5
书名原文：Mr Guilfoyle's Honeymoon: The Gardens of Europe & Great Britain
ISBN 978-7-5008-7812-4

Ⅰ. ①乐… Ⅱ. ①威… ②埃… ③戴… ④刘… Ⅲ. ①园林设计－欧洲－近代－文集
Ⅳ. ①TU986.2-53

中国版本图书馆CIP数据核字（2022）第079057号

著作权合同登记号 图字：01-2020-4172

Text © Diana E. Hill and Edmée H. Cudmore
Design and typography © Melbourne University Publishing Limited
First published by Melbourne University Publishing Limited

The simplified Chinese translation rights arranged through Rightol Media
（本书中文简体版权经由锐拓传媒取得 Email:copyright@rightol.com）

乐园：欧洲园林之旅

出 版 人	董 宽	
责 任 编 辑	宋 杨 严 春	
责 任 校 对	丁洋洋	
责 任 印 制	黄 丽	
出 版 发 行	中国工人出版社	
地 址	北京市东城区鼓楼外大街45号 邮编：100120	
网 址	http://www.wp-china.com	
电 话	（010）62005043（总编室）	
	（010）62005039（印制管理中心）	
	（010）62379038（社科文艺分社）	
发 行 热 线	（010）82029051 62383056	
经 销	各地书店	
印 刷	北京市密东印刷有限公司	
开 本	880毫米×1230毫米 1/32	
印 张	10.625	
字 数	130千字	
版 次	2022年8月第1版 2022年8月第1次印刷	
定 价	88.00元	

本书如有破损、缺页、装订错误，请与本社印制管理中心联系更换
版权所有 侵权必究